JN092788

遠隔学習のためのパソコン活用

秋光淳生・三輪眞木子

（三訂版）遠隔学習のためのパソコン活用（'21）

装丁・ブックデザイン：畑中　猛

s-66

まえがき

本書は，2021 年度から開講される放送大学の基盤科目「遠隔学習のためのパソコン活用（'21)」の印刷教材であり，放送大学の学生を主な対象としている。特に，自宅や大学や職場にあるパソコンを自力で使いこなせるようになりたいと望む，パソコンやインターネットの初心者に向けて作成した。

パソコンやインターネットは，学習の道具として効果的に活用することで，いつでもどこにいても必要な情報を獲得し，それを知識へと変換できる。得られた知識に基づいて，発見やアイディア，すなわち新たな価値を生み出すことも可能となる便利なツールである。さらには，インターネットを利用することで遠く離れた人とコミュニケーションをとることも可能となり，様々な人と協同して革新へと結びつけることもできる。

制作が主に行われた2020 年は，パソコンやインターネットの意義ということを考える上で，とりわけ大きな変化があった年であった。近年では，スマートフォンやタブレットなどの携帯端末も普及してきた。しかし，様々な人と協同して知的作業を行っていくためには，自分の発見やアイディアを形にしていく作業が必要である。そのためには，文書作成，表計算，プレゼンテーションなどの基本的なソフトウェアをじっくりと活用することが望まれる。こうしたソフトウェアの活用を考えると，まだまだパソコンの果たすべき役割は大きい。

そこで，本書では，まずパソコンやインターネットの基本的な利用の仕方から説明する。ICTの普及は，コンピュータウィルスやインターネットを使った詐欺といった新たな社会問題も生じさせている。また，

SNSのような新しいコミュニケーションの形を産んでいる。そこで，インターネットを利用するために必要なセキュリティについての知識や心構え，またSNSの歴史や特徴について説明するとともに，学習への活用について説明する。

テレビとラジオといった放送メディアを用いて講義を展開してきた放送大学も，最近では，電子メールや学生向けWebサイトなどICTを活用した遠隔学習もできる環境が整備されてきた。2016年度からはすべての学習をオンラインで行うオンライン授業も始まり，多くの科目が開講されている。また，放送大学附属図書館の電子図書館サービスでは，印刷媒体の本だけでなく，電子ブック，電子ジャーナル，新聞記事，法律などの様々な電子資料を利用できる。こうした，放送大学のICT環境とその利用方法について説明する。

放送授業では，2人の学生がビデオ会議システムを通してリモートで参加するという形で講義を展開している。本書を参照しながら放送授業を受講すれば，学んだ知識を頭の中だけでなく身体で覚えることができる。そのため，学習成果をレポート作成や卒業研究に活かせるだけでなく，仕事や生活においてもパソコンやインターネットを効果的かつ安全に活用できるようになる。

現在，放送大学では，多様な人々が学んでいる。今後，インターネットを利用することで，学生同士が協同して学ぶ場が広がってくるだろう。年齢や職業も様々な学生が，ともに学ぶことができる場はそう多くはない。こうした場をより良きものにしていくためにも，自らの学習を形にし，それを振り返り省察する習慣を身につけることは有効であろう。この取り組みを通し，今までになかった学びへの気づきを得ることもできる。この講義を通して，パソコンやインターネットを効果的に活用できるようになること，そして，放送大学の学びの場が，多様な学生による多様な気づきのある，活き活きとした学びの場として，より充実していくことを期待している。

この教材は，放送大学の専任教員5名によって作成されている。この教材作成に先立ち，放送大学では，2010年10月から面接授業「初歩からのパソコン」を開設し，各学習センターにて面接授業を行ってきた。その受講生や担当した教員からいただいた多くの意見がこの教材の作成に反映されている。

放送授業「遠隔学習のためのパソコン活用（'21）」の制作にあたっては印刷教材の編集を担当してくださった宿輪勲さんには原稿の調整に多くの助言をいただいた。放送授業の担当プロデューサである吉田直久さん，ディレクターである平井誠さん，笠間公夫さんには授業内容についても的確な助言をいただいた。学生役の村松知絵（工藤真由美）さんと林祐人（山本大樹）さんの率直なコメントは，教材を臨場感のあるものとするうえで役立っている。放送授業の技術スタッフには長時間の放送授業収録にお付き合いいただいた。ここに感謝の意を表したい。

秋光淳生

三輪眞木子

目次

1 パソコンの基本操作

秋光　淳生

《ポイント》 パソコンを活用して学習方法を変えるためにも，パソコンの基本的な知識と技術を学ぶことは大切である。パソコンの要素と基本操作について学ぶ。
《学習目標》 (1) パソコンや基本的なソフトウェアを起動し，終了することができる。
(2) キーボードを用いて文字を入力することができる。
(3) ファイルのコピーや移動をすることができる。
《キーワード》 ハードウェア，ソフトウェア，オペレーティングシステム，ファイル，フォルダー，拡張子

1. パソコンの種類と要素

パソコン（パーソナルコンピュータ）は，入力を受けつけ，指示にしたがって処理を行い，その結果などを画面などに出力をしたり，ファイルとして保存したりするものである。そして，パソコンを構成する要素として，キーボードやマウスといった入力装置，様々な入力を制御し処理するための中央演算装置（**CPU**），画像ファイルやプログラムなどを保存する**メモリ**や大量のデータを保存するためするための**ハードディスク**（ハードディスクドライブ, HDD）や**ソリッドステートドライブ**（SSD）といった記憶装置，処理の結果を出力装置であるディスプレイからなる。この他の出力装置としてプリンターとスピーカーなどがある。

パソコンの構成要素の中で，CPUやメモリ，キーボードといった物

理的な機器のことを**ハードウェア**といい，入力や状態に応じた処理の手順や指示などが書かれたプログラムのことを**ソフトウェア**という。ソフトウェアには，パソコンを制御するための**オペレーティングシステム**（Operating System：**OS**）とWebの閲覧などの**アプリケーションソフト**がある。OSはパソコンの利用において基本となるソフトウェアである，ハードウェアやソフトウェアの管理や制御を行い，利用者にとって使いやすい環境を提供する。主なOSとして，Windows（8，10），Mac（OS X），Linux，FreeBSDなどがある。この教材では，OSとしてWindows 10を，アプリケーションとしてはOffice 2019を例にパソコンを学びに活用するための方法について説明する。

パソコンを大きく分けると，机に据えつけて用いるタイプのデスクトップパソコンと,持ち運んで用いるノートパソコン（またはラップトップ）の2種類に分けられる。

デスクトップ型のパソコンの中には，本体とディスプレイが一体と

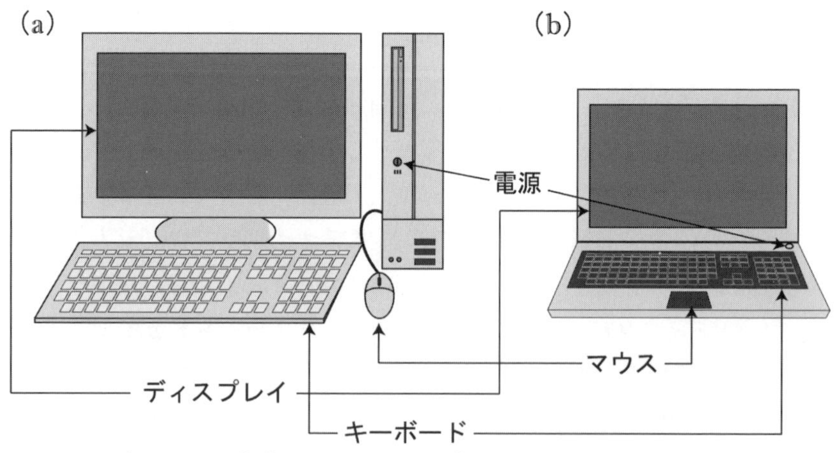

図1-1　デスクトップパソコンとノートパソコン

なった一体型もある。ディスプレイがタッチパネルとして入力できるようになっているものや，ノートパソコンの中にはディスプレイを取り外しタブレットとして利用できるものなどもある。

一般的に，デスクトップ型パソコンは，利用場所が固定されてしまうものの，パソコン本体のサイズが大きいため，高性能のパーツを用いることができ，さらに，コンピュータを構成するパーツを追加することで性能を向上させることができる。一方，ノートパソコンはデスクトップパソコンに比べると，一般に性能は劣るものの，移動して使うことができるという利点がある。そして，近年では，ノートパソコンであっても十分に学習用として用いるだけの性能を持つようになってきた。

そこで，現在使っているパソコンまたは，新規にパソコンを購入する場合の判断基準について考えてみよう。新規に購入する場合，数万円程度で購入できるパソコンであっても，Webの閲覧や電子メールだけが主な利用であれば，用が足りるかもしれない。しかし，学習に用いるのであれば，それよりは性能がよいパソコンを用いたい。その際の判断材料としては，主にCPUの処理速度，メモリの容量，補助記憶装置（HDDやSSD）の容量などがある。

1. CPUの処理速度

パソコンを使う目的が，画像処理や高度なデータ計算などの場合には，より高性能なCPUを用いるとよい。CPUの性能としては，**クロック周波数**とコア数がある。クロック周波数が大きいほど動作速度が速くなり，コア数が多いほど一度に処理できる作業が増える。

2. メモリの容量

パソコンで処理を行う場合，プログラムやデータを一度メモリと呼ばれる主記憶装置に読み出し，演算を行う。このとき，メモリの容量が大きいほど，一度に多くの作業を行うことができる。4GBから8GB[1]があるとよい。

3. 補助記憶装置とその容量

長期的にデータを保存する補助記憶装置にはHDDとSSDがある。HDDと比べると，SSDのほうが読み書きの速度は速く衝撃にも強いが，値段はHDDと比べて高い。ノートパソコンでは，128GBから1TBまでが多く売られている。画像や動画などを多く扱う場合にはより大きな容量が必要となる。パソコンの補助記憶装置が足りない場合に，**USBフラッシュメモリ**などの外付けの補助記憶装置やインターネット上にデータを保存する**オンラインストレージサービス（クラウドストレージサービス）**を併用することもできる。

2. パソコンの起動と終了

ここでは，Windows 10 を例にパソコンの起動と終了，及びアプリケーションソフト（ソフトやアプリと略されることが多い。以下，アプリと書く）の起動について説明する。

Windows 10が起動すると，図1-2のような画面が表示される。この画面が，パソコン上での作業机に相当する。これを**デスクトップ**という。この図ではデスクトップに「ごみ箱」を表す絵が表示されている。プログラムやファイルなどを表す小さな絵のことを**アイコン**という。下部には帯状の部分をタスクバーといい，パソコンを使うためのメニューの一覧やよく使うアプリケーションのアイコンが左下に表示されている。画面にあるいくつかのアイコンから特定のものを選ぶためには，マウスを用いて画面の矢印の形をしたアイコン（ ）を操作する。こ

1）GBなどの単位については2章で説明する。

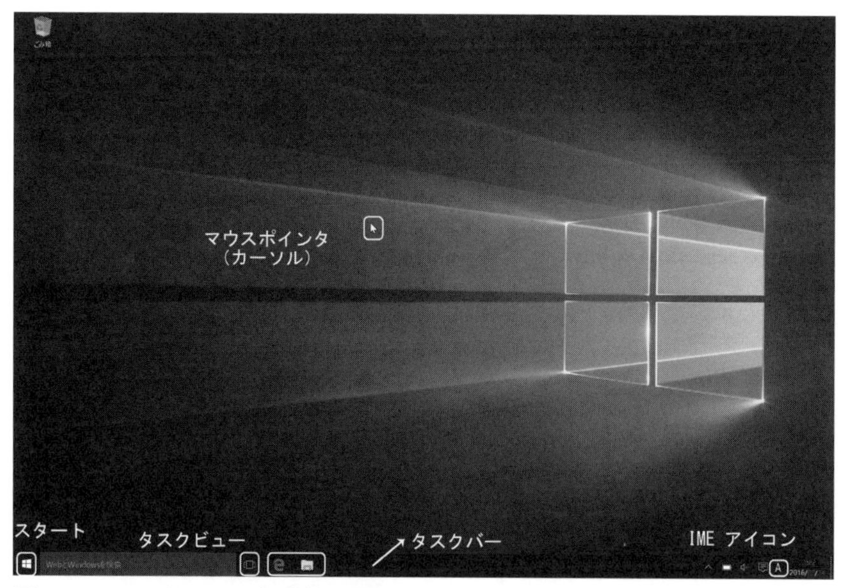

図1−2　Windows 10起動後の画面

の矢印のことを**カーソル**，または，**ポインタ**という。画面のカーソルは，マウスの動きやタッチパッドに触れた指の動きに応じて移動する。

マウスには左と右に2つのボタンがついており，通常左ボタンをカチッと押して離す。このカチッという押すことを**クリック**という。左ボタンをクリックすることを**左クリック**，右ボタンをクリックすることを**右クリック**という。

画面にある特定のアイコンにカーソルを合わせ，左クリックするとそれを選んだ状態になる。ここで右クリックを押すと，行うことのできるメニューが表示される。メニューにある「開く」にカーソルを合わせ左クリックするとソフトを起動することができる。「左クリックで選択，右クリックでメニュー，左クリックで決定」という一連の動作の代わり

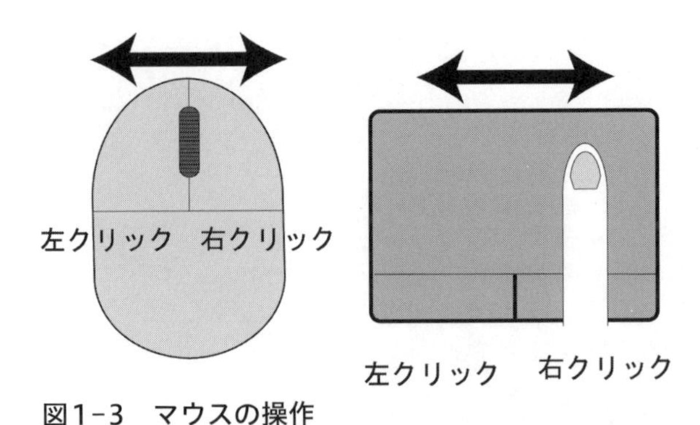

図1-3　マウスの操作

に，左ボタンをカチッカチッと素早く2回クリックしても同じことができる。これを**ダブルクリック**という。また，マウスの左ボタンと右ボタンの間にある小さなホイールは画面の上下をスクロールなどに用いる。タッチパッドでは，2本指の操作がスクロールに対応する。

Macではタッチパッドを**トラックパッド**という。このトラックパッドにはボタンが1つしかないが，キーボードの Control キーを押した状態でクリックするとメニューが表示されるなど，キーボードと組み合わせて使用する。

パソコンを使用するということは，目的に応じたアプリケーションソフトを使うことである。ソフトは必要に応じて購入して，追加していくことになる。アプリを入手するには，DVDやUSBメモリに入ったものを購入したり，インターネットから直接必要なデータを取得する（これを**ダウンロード**という）。DVDやダウンロードしたファイルを，自分のパソコンに移して利用可能な状態にすることを**インストール**（または，**セットアップ**）という。インストールされたアプリはスタートメニューの中に登録される。図1-2の左下のWindowsマーク（　）をクリックする。ここでは，例として「ペイント」を起動してみよう。図

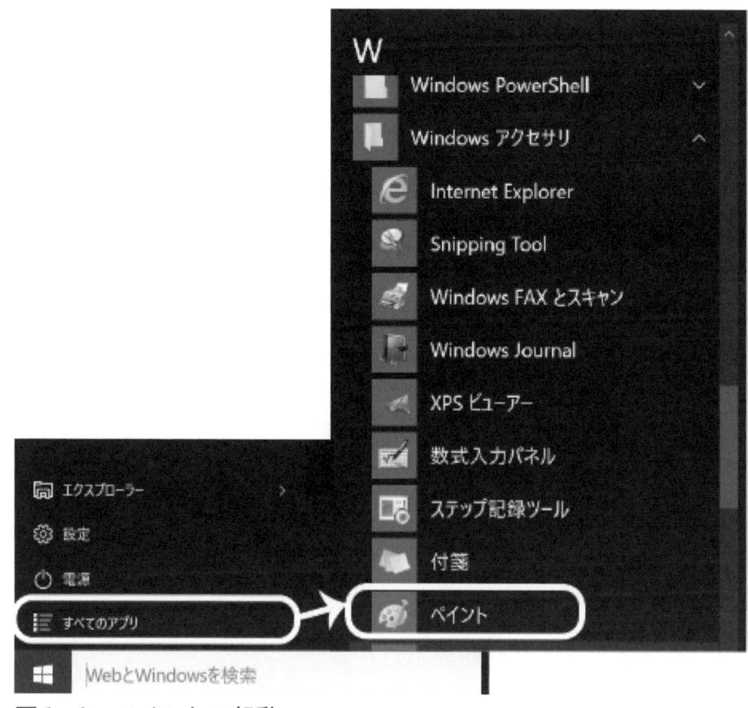

図1-4　ペイントの起動

1-4に示すように「すべてのプログラム」から「アクセサリ」を選び，ペイントにカーソルを合わせて左クリックする。

すると，図1-5に示すような四角い形をした画面が立ち上がる。この画面をウィンドウといい，ペイントのウィンドウなどと呼ぶ。

ウィンドウの左上にはアイコンが並んでいる。一番左がペイントを表すアイコンであり，横が保存を示すアイコン，その横の矢印は，自分が行った作業を取り消す「元に戻す」ボタンと「やり直し」のボタンになっている（図1-5①，これについては9章も参照）。また，その横に作

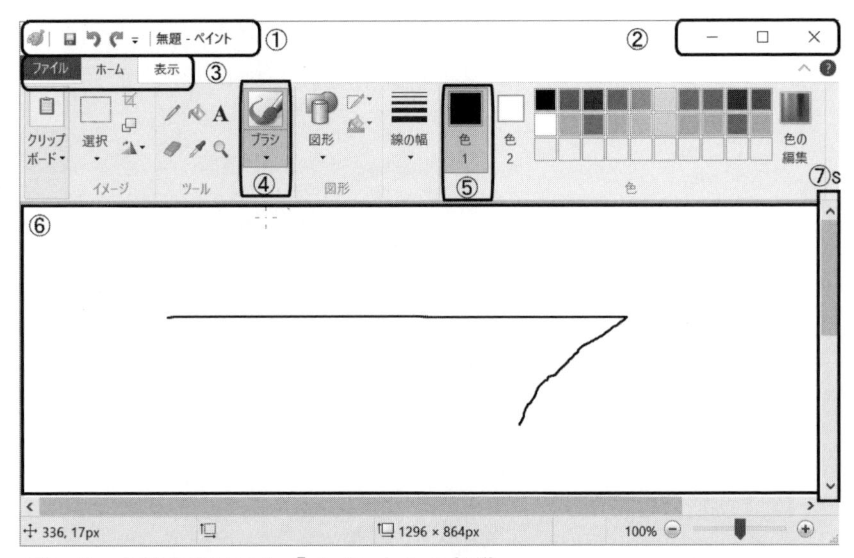

図1–5　お絵かきソフト「ペイント」の起動

成しているファイルの名前が表示される。

右側にはウィンドウを操作するボタンが表示されている（図1–5②）。一番左上が，このソフトを起動したまま大きさを最小化するためのボタンがある。真ん中には，ウィンドウをスクリーンのサイズに最大化するボタンであり，一番右にあるボタンはこのウィンドウを閉じるボタンである。2段目には，「ファイル」，「ホーム」，「表示」と表示されている。図では「ホーム」の部分の背景色が少し濃くなっており，その下に様々なメニューを表すアイコンが表示されている。使用する操作をアイコンや文字で表示した領域をリボンという。「表示」という文字をクリックすると，ウィンドウの表示に関連したメニューが表示される。「ペイント」は「ホーム」の中で好みのペンの種類（図1–5④）や色（図1–5⑤）などを指定し，キャンバス内（図1–5⑥）でマウスをドラッグすること

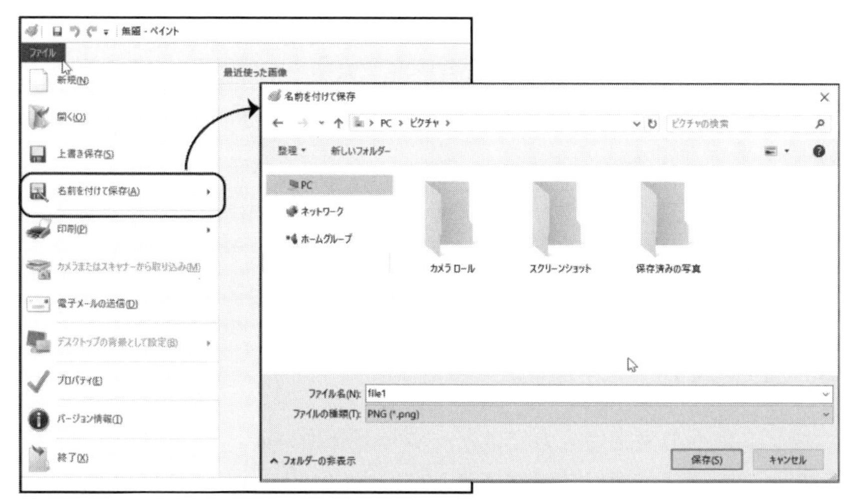

図1-6　ファイルの保存

で線を書くことができる。また写真を取り込んで，その一部を切り抜くなどの操作をすることができる。

作成した図を保存するなどの操作をする場合には，ファイルの文字をクリックする。ここで，ファイルを開いたり，図を保存したりと，ファイルに関連する操作を行う。すでに保存したファイルを開き編集し保存する場合には，「上書き保存」，初めて保存する場合や，別名で保存する場合には，「名前を付けて保存」を選ぶ。「名前を付けて保存」を押すと図1-6に示すような画面が現れるので，好きな名前をつけて保存する。

終了する場合には，そのメニューの中から「終了」をクリックするか，またはウィンドウ外枠の右上にある「×」をクリックする。

次にパソコンの終了の仕方を考えてみよう。パソコンの電源を入れるときには電源ボタンを押すが，終了するときには，パソコンについている電源ボタンを押すのではなく，スタートメニューから電源ボタンを選ぶ（図1-4)。電源のメニューの中には，パソコンの終了には，待機状態にする「スリープ」，パソコンを終了し起動し直す「再起動」，電源を切る「シャットダウン」がある。終了して電源をきる場合には,「シャットダウン」を選ぶ。パソコンに電源を入れてから利用可能な状態になるまでには，少し時間がかかる。そこで，電源は切らずに待機状態にすることをスリープという。このスリープの段階では電力を消費しない。

3. 文字入力

パソコンへの文字の入力にはキーボードを用いる。キーボードからの文字の入力には英数字及び記号（!，@，#，$など）の入力を行う。キーボードの種類には，英文字の並びについては**QWERTY配列**と呼ばれる配列が普及している。「!」などの記号などについては利用するOSや製造するメーカーによって違いがある。図1-7に日本語JISキーボードの配列の例を示す。キーボードは英文字と記号が印字されている。入力のモードが半角英数の場合には，印字された文字の左下（アルファベットの場合は小文字のアルファベット)，Shiftキーを押しながら入力した場合には，左上の文字が入力される。かな入力で日本語を入力した場合はキーの右下の文字が入力される。かな入力で，Shiftキーを押しながら入力した場合には，右上の文字が入力される。

キーボードを見ずにキー入力をすることを**タッチタイピング**という。キーボードのFとJの部分には小さな突起があり，ここに左手の人差し指，右手の人差指を合わせ，一番下段にある印字のないキー（スペースキー）をどちらかの手の親指で操作する。小指，薬指，中指，人差し指で図1-7の縦のキーをタイピングする。

キーボードから日本語を入力する場合には，まず英語と日本語の入力

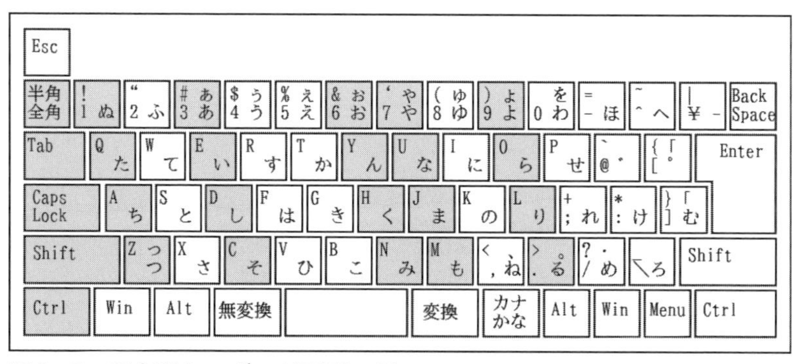

図1-7　日本語キーボード配列の例

モードを切り替える。その後，日本語でかなを入力した後，漢字に変換する。ここで，キーボードから文字入力を制御し，かな漢字変換を行うためのソフトをインプットメソッド（Input Method，IM），または，インプットメソッドエディタ（Input Method Editor，IME）という。WindowsではMS-IME，Macではことえり，LinuxやFreeBSDではAnthy（アンジー）といったものがある。

入力モードに切りかえるには，キーボードの「半角/全角」キーを押す。図1-2のIMEのアイコンが「あ」の場合には日本語入力モードであり，「A」の場合にはアルファベットが入力される。アイコン「A」「あ」のクリックや，右クリックで表示されるメニューから選ぶこともできる。

日本語の入力にはキーボードに刻まれた平仮名を入力する「かな入力」と「ローマ字入力」の2種類の方法がある。「かな入力」の場合，打つ回数は少ないが，アルファベットとひらがなの両方のキー配列を覚える必要がある。ここでは，ローマ字入力について説明する。

主なローマ字かな入力表をp.23の図1-9に示す。「タッチ」という

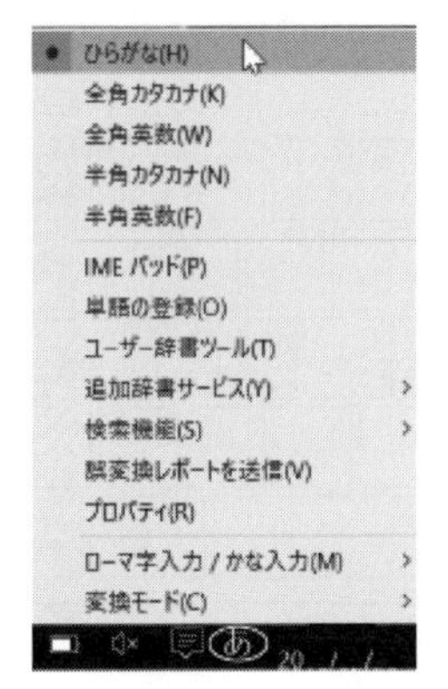

図1-8　入力モードの切り替え

ように促音「ッ」が入る場合には，TATTIというように，促音の次の文字の子音を重ねて入力する。「ァ」などの拗音はXやLに続けて，XA，LAとすると入力できる。「しゅ」を入力する場合には，SYUだけでなく，SI，LYUというように，「し」と「ゅ」と分けて入力することもでき，入力する方法は一通りではない。ローマの子音と母音の組み合わせや小文字の入力を覚えてから，徐々にYやHを挟む場合を覚えていけばよい。

漢字に変換する場合には，まずひらがなで文字を入力した後で，カタカナや漢字に変換する。入力した後，スペースキーを押すと，IMEの方で文を自動的に分節に区切り，かな漢字変換をしてくれる。

IMEが判断した文節ごとに下線が区切られている。この区切りを修正したい場合には，Shiftキーを押しながら矢印キー←，→を押すことで調整することができる。自分の思うような区切りになったら再度スペースキーを打って変換する。スペースキーを押すごとに変換の候補が変わる。p.24の図1-10の例では，「今日歯医者に行った」という文

あ	い	う	え	お
A	I	U	E	O
か	き	く	け	こ
K A	K I	K U	K E	K O
さ	し	す	せ	そ
S A	S I	S U	S E	S O
た	ち	つ	て	と
T A	T I	T U	T E	T O
な	に	ぬ	ね	の
N A	N I	N U	N E	N O
は	ひ	ふ	へ	ほ
H A	H I	H U	H E	H O
ま	み	む	め	も
M A	M I	M U	M E	M O
や		ゆ		よ
Y A		Y U		Y O
ら	り	る	れ	ろ
R A	R I	R U	R E	R O
わ				を
W A				W O

が	ぎ	ぐ	げ	ご
G A	G I	G U	G E	G O
ざ	じ	ず	ぜ	ぞ
Z A	Z I	Z U	Z E	Z O
だ	ぢ	づ	で	ど
D A	D I	D U	D E	D O
ば	び	ぶ	べ	ぼ
B A	B I	B U	B E	B O
ぱ	ぴ	ぷ	ぺ	ぽ
P A	P I	P U	P E	P O

ぁ	ぃ	ぅ	ぇ	ぉ
X/L A	X/L I	X/L U	X/L E	X/L O

きゃ	きぃ	きゅ	きぇ	きょ
K Y A	K Y I	K Y U	K Y E	K Y O
しゃ	しぃ	しゅ	しぇ	しょ
S Y A	S Y I	S Y U	S Y E	S Y O
ちゃ	ちぃ	ちゅ	ちぇ	ちょ
T Y A	T Y I	T Y U	T Y E	T Y O
てゃ	てぃ	てゅ	てぇ	てょ
T H A	T H I	T H U	T H E	T H O
にゃ	にぃ	にゅ	にぇ	にょ
N Y A	N Y I	N Y U	N Y E	N Y O
ひゃ	ひぃ	ひゅ	ひぇ	ひょ
H Y A	H Y I	H Y U	H Y E	H Y O
みゃ	みぃ	みゅ	みぇ	みょ
M Y A	M Y I	M Y U	M Y E	M Y O

ぎゃ	ぎぃ	ぎゅ	ぎぇ	ぎょ
G Y A	G Y I	G Y U	G Y E	G Y O
じゃ	じぃ	じゅ	じぇ	じょ
Z Y A	Z Y I	Z Y U	Z Y E	Z Y O
ぢゃ	ぢぃ	ぢゅ	ぢぇ	ぢょ
D Y A	D Y I	D Y U	D Y E	D Y O
でゃ	でぃ	でゅ	でぇ	でょ
D H A	D H I	D H U	D H E	D H O
びゃ	びぃ	びゅ	びぇ	びょ
B Y A	B Y I	B Y U	B Y E	B Y O
ぴゃ	ぴぃ	ぴゅ	ぴぇ	ぴょ
P Y A	P Y I	P Y U	P Y E	P Y O
りゃ	りぃ	りゅ	りぇ	りょ
R Y A	R Y I	R Y U	R Y E	R Y O

図1-9　ローマ字入力の例

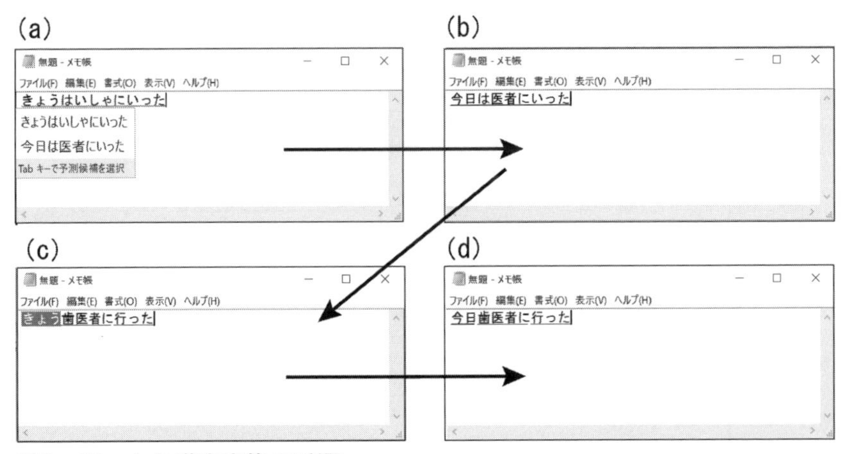

図1−10　かな漢字変換の手順

を変換しようとしたところ，最初は「今日は医者に行った」となった。このとき，「今日は」ではなく，「今日」と「歯医者」で区切りたいので，Shift と ← によって区切りを修正している。

4. ファイルとフォルダー

今後，パソコンを利用し，複数のページからなる文書を作成したりする。ここで，こうした文書のように，パソコンでデータを管理するうえでの単位となるデータのまとまりを**ファイル**という。ファイルとして，表計算ソフトを用いて作成したシートやプレゼンテーション用に作ったスライドのように数枚からなるものや，単に一枚の画像といったように様々なタイプやサイズのものを扱うことになる。

パソコンでは様々なファイルのタイプがあり，そのタイプに応じて異なるアプリを用いる。ファイルをきちんと管理するためには，ファイル名で内容がわかるように特徴を表すような名前にしておくとよい。

ファイルの名前は通常，ピリオド（ドット）［.］で区切られ，このドットの後に文字列がつけられる。これを**拡張子**という。Windowsではこの拡張子によってファイルのタイプを判断し，対応するアプリケーションが決まる。アプリケーションを立ち上げて，新しくファイルを作成し，保存する場合にはそのアプリケーションによって自動的に拡張子がつけられることもある。

ファイルは，あるまとまりごとに封筒に入れるように格納して管理する。このファイルを格納する封筒にあたるものを**フォルダー**（folder），または，**ディレクトリ**（directory）という。フォルダーの中に含まれるものは，ファイルだけでなく，別のフォルダーが含まれることもあり，ファイルの構造は木のように枝分かれした階層構造をする。階層構造の一番上部にある，木の枝分かれの元にある点を根（ルート）という。

ハードディスクやDVDのようにデータの読み込みや書き込み操作を行うために用いる装置のことを**ドライブ**といい，記憶媒体のことを**ディスク**，または，**メディア**という。また，USBメモリなどの取り外しができる記憶媒体を**リムーバブルディスク**という。WindowsではハードディスクやDVDごとに［C:¥］や［D:¥］といった名前がつけられ，そこをルートフォルダーとして扱う（中には同じハードディスクを仮想的に複数に分けている場合もある）。これをCドライブやDドライブという。

Windowsでファイルやフォルダーを管理するためのソフトウェアのことをWindows Explorer，または，**エクスプローラー**という。エクスプローラーは別のフォルダーのファイル一覧を見たり，フォルダー内のファイルを移動したりするという作業をマウスで行うことができる。

アイコンでファイルを左クリックして選択する（図1-11（a））。ホームのリボンから「コピー」か「切り取り」(ハサミのアイコン図1-11②)を選ぶ。選ぶと貼り付けのアイコンが濃く表示される。目的のフォル

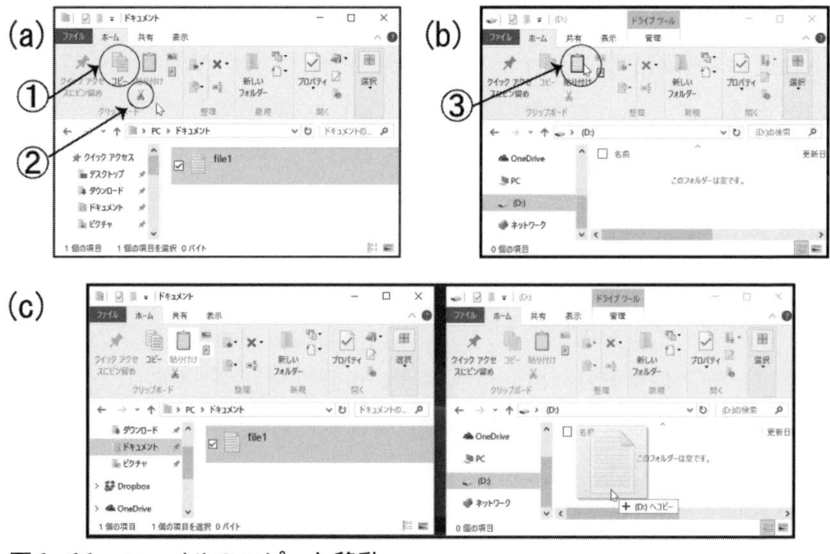

図1-11　ファイルのコピーと移動

ダーに移動し，貼り付けのアイコン（図1-11③）を押すと，移動先にファイルが作成される。「コピー」を選んだ場合，移動元と移動先の両方にファイルが残すことができ，一方,「切り取り」を選択した場合には，移動元にファイルは残らず，ファイルの移動となる。

また，こうした操作をマウスはドラッグで行うことができる。エクスプローラーを2つ立ち上げ（タスクバーのエクスプローラーアイコンを右クリックしてエクスプローラーを選ぶ)，移動元と移動先のフォルダーを開いておく。移動元からファイルをドラッグし，移動先で離すとファイルを移動させることができる。このとき，Windowsでは同じCドライブからCドライブへとドラッグした場合には，データは移動し元には残らない。一方，ハードディスクからUSBメモリのように，別のドライブへドラッグすると，コピーとして扱われ，どちらにもデータが

図1-12　USBメモリの取り外し

残る。

最後にUSBメモリなどの外部デバイスの取り外しについて書く。デバイスの書き込み中に取り外してしまうとファイルが壊れてしまうこともある。そこで取り外す時には，通知領域（図1-12①）をクリックする。表示されたUSBメモリのアイコン（図1-12②）をクリックして，「USB Flash Disk の取り出し」を選ぶ。

5. まとめ

パソコンの基本的な操作やそのための基礎知識について述べた。ここで述べたパソコンの基本操作をまとめると

1. パソコンの構成要素について知る。
2. パソコンを起動し，終了する。
3. マウスを操作する。
4. アプリケーションソフトを起動し終了する。
5. ウィンドウを操作する。
6. 入力モードを切り替え，キーボードから文字を入力する。
7. エクスプローラーを開き，ファイルを見る。

8. ファイルの移動，コピーをすることができる。
9. USBメモリを取り外す。

となる。パソコンは，何かわからないことがあってもパソコンを操作しながら解決できるように色々な工夫がされている。例えば，ウィンドウ上でマウスを操作しているとカーソルの形が変わる場所がある。また，マウスを操作してアイコン上に移動すると，説明が表示される。最初から目的の動作をすることを焦らず，起きている変化をじっくりと見ることも有効であろう。また，図1-5や図1-6のようにウィンドウの右上には「ヘルプ」(?のアイコン) がある。時間のあるときにヘルプを見ておくとよい。

参考文献

[1] 『キーワードで理解する最新情報リテラシー第3版』久野靖，辰己丈夫，佐藤康弘監修（日経BP社）2010年
[2] 『基礎からわかる情報リテラシー』奥村晴彦・三重大学学術情報ポータルセンター（技術評論社）2007年

演習問題

【問題】

1. パソコンに接続されるハードウェアについて，入力装置と出力装置として考えられるものを挙げよ。
2. 日本語の入力を練習せよ。
   (ア)　データ
   (イ)　インターネット
   (ウ)　ヴァーチャルリアリティ
   (エ)　エデュケーション
   (オ)　フィッティング

解答

1. 入力装置の例。スキャナー，ジョイスティック，Webカメラ
   出力装置の例。プリンター，スピーカー
2. ネットというように小さい「ッ」を入れる場合には，NEの後にTTOと子音を重ねるか，XTUとして小さい「ッ」のみ入力するという方法がある。また，ヴァのようにウに濁音がついた場合には，直接VAと入力してもよいし，VUに小さい「ァ」を入れるのでもよい。また，ティはTHIかTEの後に小さい「ィ」を入れるという方法が考えられる。また，デュについて，DYUとするとヂュとなってしまうので，デと小さいユを入れるか，または，DHUとするとデュとなる。「ん」を入力するときには，N一文字の次に子音がくれば自動的に「ん」と認識してくれるが，「本意」のように「ん」の後が母音の場合には「に」となってしまう。そのため，Nを重ねてNNとすると「ん」

になる。例として次のように入力する。

(ア)　D E　－　T A

(イ)　I N T A－N E T T O

(ウ)　V A－C H A R U R I A R I T H I－

(エ)　E DHU KE － SYO NN

(オ)　F I T T H I N N G U

2 インターネットのしくみとWebの活用

秋光　淳生

《ポイント》 学びにおいてインターネットは欠かせないものとなってきている。例えばWebを利用することで，多くの有用な学習素材を見つけることもできる。Webを活用するためには，そのしくみを理解しておくことも必要である。この章では，Webの利用方法について述べた後に，インターネットやWebのしくみについて説明する。
《学習目標》（1）インターネット上でコンピューターを識別するための名前のしくみについて理解する。
（2）Webブラウザ－の役割について説明することができる。
（3）Webを閲覧することができる。
《キーワード》 HTML，Webブラウザ，IPアドレス，ドメイン名

1. インターネットの利用

インターネット（Internet）とはコンピューターをつないでできたネットワークのことをいう。インターネットへの接続サービスを行う接続事業者のことを**インターネットサービスプロバイダー（プロバイダー）**という。また，家庭への回線を提供する事業者を**アクセス回線事業者**という。インターネットを利用するためには，この回線事業者とプロバイダーの両方と契約契約をする必要がある（プロバイダー自身が回線事業者を兼ねている場合もある）。回線の種類には，**FTTH**（光ファイバ，Fiber To The Home）の他にも**ADSL**や**CATV**（ケーブルテレビ）といった種

類がある。近年では，携帯電話回線や他のモバイル回線を用いてインターネット接続サービスを提供するプロバイダーもある。パソコンやインターネットの利用目的を考え，自分に合った事業者を選ぼう。わからない場合には，パソコンを購入する際の量販店などに相談すると良い。

WWW（World Wide Web，以下Web）とは，インターネット上で文書などの情報を発信するためのシステムである。WWWにおいて公開されたページをWeb**ページ**，発信者などによって特定されるWebページの集まりをWeb**サイト**という。Webページを見るときには，情報発信を行っているコンピューターにリクエストを送り，必要なファイルを取得する。こうした作業を行うアプリが**ブラウザ**（Webブラウザ）である。Windows 10では，Microsoft Edge（以下Edge）や

図2-1　Microsoft Edgeの起動

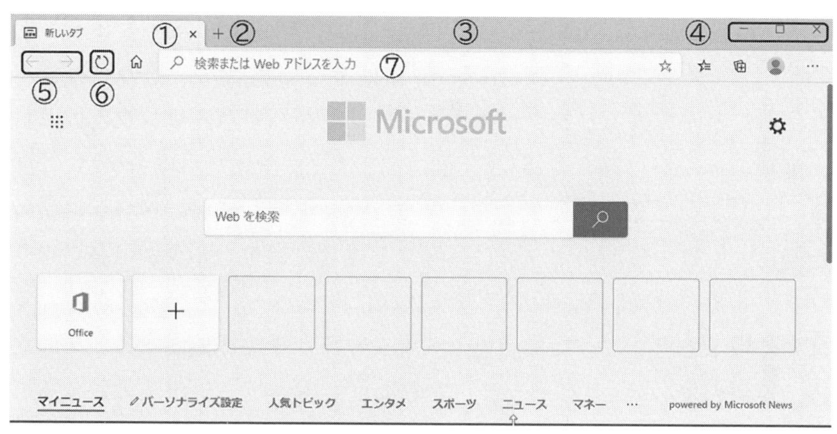

図2-2　Microsft Edge起動後の画面

Internet Explorerというブラウザが標準でインストールされている。Macには Safariが標準的にインストールされている。その他，無料で入手することができるGoogle ChromeやFirefoxといったブラウザがある。

ここではEdgeを例にWebサイトの閲覧の仕方について説明する。Edgeを起動するには，スタートメニューから「すべてのアプリ」を選び，その中にあるMicrosoft Edgeをクリックする。または，タスクバーにある　のアイコンをクリックする。

Edgeを起動すると，図2-2のような画面が現れる。Edgeはひとつのウィンドウの中でいくつかのWebページを切り替えて見ることができる。この一つ一つの画面をタブという。タブを増やす場合には，左上にある＋をクリックする（図2-2②)。またタブを閉じる場合には，タブごとにある×のアイコンをクリックする。デスクトップ内で，ウィンドウを移動する場合には，図2-2③の部分にカーソルを合わせてドラッグする。右側にはウィンドウを操作するアイコン（最小化，最大化，閉じる）が並んでいる（図2-2④）。図2-2⑤の矢印は，「戻る」ボタンと「進む」ボタンである。Webページには多くの場合に，他のページへと移ることができるリンクが含まれる。これを**ハイパーリンク**という。一度別のページに移った後に，元にいたページを見たい場合には，「戻る」(←）ボタンをクリックする。戻るボタンを押して前のページに戻った後に，もう一度前のボタンに移動する場合には進むボタン（→）をクリックする。また，Webブラウザは次に同じページを見るときに，すばやく表示できるように一度見たページを保存する機能がある。そのため，更新の早いWebページは，実際よりも古いページが表示されることがある。そこで，更新ボタン（図2-2⑥）をクリックすることで最新の状態に更新することができる。

Webページを見るという作業は，情報発信をしているコンピューター（Webサーバー）にリクエストをして，必要なファイルを取ってくることである。Webページを見る一つの方法は，そのコンピューターとファイル名を指定することである。インターネット上にある特定のファイルの位置を**URL**（Uniform Resource Locator）という。URLを指定する場合には，アドレス欄（図2-2⑦）にURLを指定する。アドレス欄をクリックしてカーソルがIの形で点滅したら文字を入力する。

アドレス欄にhttp://www.ouj.ac.jp/index.htmlと指定して，放送大学のWebサイトを見てみよう（図2-3）。これは2020年6月30日時点での放送大学のWebサイトである。httpとはハイパーテキストを送るための通信の取りきめ（Hypertext Transfer Protocol）を表している。そのあとにコンピューター名を指定し，/で区切ってそのコンピューターにおけるファイルの場所を指定する。http://の部分は省略することもできる。また，ファイル名が省略された場合には，どのファイルを表示するのかといった設定がWebサーバーでされていることも

図2-3　放送大学Webサイト

多い。そのため，単に，アドレス欄に www.ouj.ac.jp と打つだけでページが表示される。

Webページを見る2つ目の方法はページ内のリンクをクリックすることである。Webページ内でマウスを動かし，そのときのカーソルの形に注目してみよう。Webページは単に文字だけでなく，図や文字，動画，さらには，他のページへのリンクを含んでいる。すると，通常は のように矢印の形状をしたカーソルが， のように指の形状に変化する場所がある（図2-3①）。この指のマークになった場所は，ハイパーリンクである。マウスをクリックすると，画像や動画を表示したり，別のページへ移動したりする。Webページは他のページへのリンクを通してネットワークを構築している。

図2-4　お気に入りバーへの追加

Webサイトは更新が容易であり，頻繁に変更されることがある。今後も訪れる可能性が高いページはURLをブラウザに保存しておくと便利である。こうしたページのURLを登録する機能を**ブックマーク**という。Edgeでは**お気に入り**という。お気に入りに保存するにはアドレスの横にある☆をクリックする（図2-4）。図2-4②の部分をクリックすると「お気に入りバー」か「その他のお気に入り」を選ぶことができる。

追加したお気に入りはお気に入りボタンを押すと表示され（図2-5），登録したページを見ることができる。

多くのブラウザはシンプルな作りになっている。表示を拡大や印刷，設定を行う場合は，図2-6①をクリックする。お気に入りバーをたえ

図2-5　お気に入りの表示

図2-6　お気に入りバーの表示

ず表示するようにするには，メニューから「お気に入り」(図2-6②)，「お気に入りバーの表示」(図2-6③) をクリックし，「常に」(図2-6④) を選ぶ。すると，図2-6⑤のように表示され，その文字をクリックすることでそのサイトを見ることができる。

Webサイトを見る4つ目の方法は検索サイトを用いることである。検索サイト（検索エンジン）では，あるキーワードを元に検索すると，そのキーワードを含むWebページのWebページのURLを，順位をつけて表示してくれる。多くの検索サイトは無料で利用することができる。検索サイトは，検索ロボットや人の手によって，Webページの情報を取得し，そこに含まれる文字や画像ごとにページのリストを作成している。検索結果を表示するページには多くの場合，広告が掲載される。検索結果が利用者のニーズと合っているほど，より利用され，広告収入に影響する。そのため，検索される順位が，なるべく利用者のニーズに合うように工夫されている。しかし，どのWebページにも含まれるような一般的なキーワードでは，目的に合ったサイトにたどり着きにくい。効率良く情報を見つけるためには，そのページを特定できるようなキーワードを適切に選択する必要がある，Webサイトを検索する場合には，アドレス欄（図2-2⑦）に検索語を入力する。入力してEnterキーを押すと，検索結果が表示される。

2. インターネットのしくみ

Webの閲覧方法について説明した。ここからはインターネットやWebのしくみについて説明する。

様々なコンピューターを相互につないで通信を行うためには，共通の取りきめが必要となる。**インターネット**（Internet）とは**IP**（Internet Protocol）と呼ばれる一連の取り決めにしたがって通信を行うコンピューターからなるネットワークである。インターネットでは，コンピューターに割り当てられた**IPアドレス**と呼ばれる番号が住所（アドレス）として用いられる。IPアドレスの中で，全世界において固有のIP

アドレスのことを**グローバル（IP）アドレス**という。グローバルアドレスの個数は有限であり，自由に好きな番号を使うことはできない。家庭や大学，またはプロバイダーの管理している範囲では，その組織内でのみ使える番号を用いることがある。これを**プライベート（IP）アドレス**という。プライベートアドレスを利用してインターネットに接続する場合には，グローバルアドレスを持つ機器を経由して接続している。家庭からインターネットに接続する場合には，プロバイダーからIPアドレスが割り当てられる。

IPアドレスでコンピューターを特定し通信を行うことができる。しかし，番号を指定するよりは名前で指定する方が便利である。例えば放送大学のWebサーバーにはwww.ouj.ac.jpというように名前がつけられている。このようにコンピューターを識別するために用いられる名称を**ドメイン名**という。ドメイン名は組織などを表しており，組織としてはなるべく覚えてもらえるような名前にしたい。放送大学のドメイン名は，日本の公開大学であるOpen University of Japanを略して名づけられている。しかし，ただ自分が希望する名前をつけていると重複した名前ができてしまう。ドメイン名もIPアドレスと同様に，インターネット上の住所の役割を果たしている。そのためには，重複のないようにきちんと管理されている必要がある。IPアドレスやドメイン名は，世界では放送大学のouj.ac.jpのようにドメイン名はドット（.）によって区切られている。そして，ドメイン名は後ろから前に行くほど範囲が絞り込まれるようになっている。このとき，一番右のラベルを**トップレベルドメイン**という。トップレベルドメインには，このjp（日本）やus（アメリカ）といった国を表す国別コードトップレベルドメイン（Country Code Top Level Domain）と，com（商業組織），org（非営利団体）といったように属性を表す属性トップレベルドメインという2つの種類が存在する。jpドメインをさらに細かく見てみると，ac.jpは日本の大学や専門学校（academic），co.jpは商用組織（commercial），go.jpは政府組織（goverment），lg.jpは地方自治体（local government），ne.jpはネットワーク関係といったようになっている。このようにドメイン名は階層構造になっており，重複を避けるようなしくみとなっている。

コンピューターのドメイン名とIPアドレスとの対応を答えてくれるサーバーをネームサーバー（DNSサーバー）という。Webを見る場合には，ネームサーバーにIPアドレスを問い合わせるということが行なわれている。

3. Webのしくみ

Webページを見る場合には，Webサーバーと自分のコンピューターとの間でデータのやり取りを行うことになる。ここではそのしくみについて簡単に述べておこう。

まず，インターネットでのデータのやり取りということを考えるために，コンピューターにおけるデータの表現について考える。そのために，水道からコップに水を入れることを考えてみよう。水道から水を入れていくと，コップの中に入っている水の量は時間とともに連続的に変化する。この水の量のように，連続的に変化する量を**アナログ量**という。段階的に表された量を**デジタル量**という。この水の量を測るために，コップに何段階かの目盛りを書いて，ある時間間隔で水の量を測定したとする。このとき，水の量が目盛りの間にあるときには，一番近い目盛りの値を読み取るというようなルールをあらかじめ決めておくことにする。このように，連続的に変化するものについて，ある時間間隔でデータを測定することを**サンプリング（標本化）**という。また，連続的な値を何段階かに区切ることを**量子化**という。このように何段階かの数値の列に変換することができる。測定する時間の間隔をより短くし，測定する目盛りを細かくすることによって，精度の高いデータを得ることができる。一度デジタル化されたデータであれば，数字の列を正しく相手に伝えることさえできれば，全く同じデータを相手に届けることができることになる。このようにデジタル化されたデータは，簡単にコピーをすることができ，しかもコピーされたデータはその数値の列を保存することができれば，劣化することはない。写真やテープなどに保存された音声や動画もデジタル化することによって，劣化することなく保存することも，またそれを遠く離れた場所にいる人にも伝えたりすることができるようになる。

コンピューター上で，デジタル化されたデータは**ビット**（**bit**）と呼ばれる単位で表される。1ビットは0か1かの2通りの状態を表すことができる。さらに，8個のビット列を一つのまとまりとして**バイト**（**B**）という単位も用いられる。つまり，1B（バイト）とは8bit（ビット）を表す。さらに，10^3，10^6，10^9をそれぞれ**K**（**キロ**），**M**（**メガ**），**G**（**ギガ**）という。ただし，$2^{10}=1024$であることから，1024を1Kとすることもある。

こうした単位を用いて，インターネットにおける通信の速さを表す指標として**bps**（bit per second）いう単位が使われる。これは1秒間に何ビットのデータを送ることができるかということを表す単位である。この単位を用いると，例えばある場所からデータを受け取るときの通信速度が実効上で10Mbpsであった場合には，おおよその計算で1秒間に

$$10\text{Mbit/s} \times 1\text{s} \div 8\text{bit} = 1.25\text{MB}$$

のサイズのデータを受信することができるということになる。

Webページには単に文字だけでなく，画像やハイパーリンクなど様々な情報が含まれることもある。そうした素材を自分の意図したよう

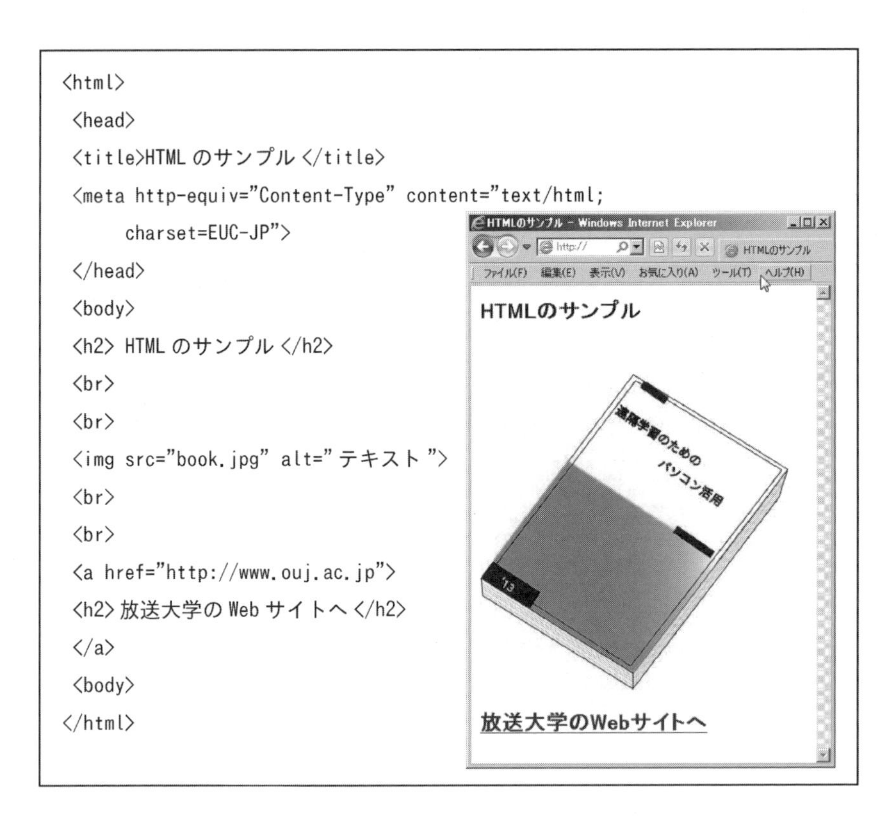

図2-7　htmlファイルとWebページの例

に表示するためには，フォントの大きさやその表示の位置などについての指示を含んだファイルを作成する必要がある。WebではHTML (Hyper Text Markup Language) という書式で書かれている。

HTMLファイルは通常は拡張子（.の後）がhtmlといった名前になっている。HTMLファイルの例を図2-7に示す。HTMLファイルは「〈」と「〉」で囲まれたタグと呼ばれるページを制御するための文字列と，実際の文書という両方が含まれている。このページには画像ファイルの在処と放送大学へのリンクが含まれている。Webブラウザはこうした HTMLファイルを読み取り，必要な画像ファイルを取得し，HTML ファイルの指示にしたがって整形して表示している。

Webを見るということは，コンピューター間でのデータのやり取りである。そのやりとりはまとめると次のようになる。

1. Webを見るためにはWebブラウザというソフトウェアを用いる。
2. アドレス欄に書くURLでWebサービスを提供しているコンピューターとファイルを指定する。
3. ドメイン名からネームサーバーにIPアドレスを問い合わせる。
4. Webサーバーから HTMLファイルを取得する。もし必要なファイルがあればそのファイルを取得し，HTMLに書かれた指示にもとづいて，整形して表示する。

4. まとめ

Webによって多くの人が情報発信を行うことが可能になり，豊富な情報を容易に入手することができるようになった。例えば，アドレス欄にキーワードを入力すると，検索サイトがそのキーワードを含むWebサイトを教えてくれる。しかし，入手した情報を学びに活用していくためには，その内容だけでなく，情報源についても把握しておくことが大切である。検索して上位に表示されたというだけでなく，Webサイトを管理している者は誰か，そのサイトはどういうサイトかも把握しておくことが大切であろう。その際，ドメイン名は一つのヒントとなる。また，ソースを見ることで，タイトルや著者の情報を入手できることもある。

Webサイトのもう一つの特徴は，その更新が容易であることである。定期的に見に行くサイトについては，お気に入りに登録して管理しておくことが大切であろう。

参考文献

[1] 『キーワードで理解する最新情報リテラシー第3版』久野靖，辰己丈夫，佐藤康弘監修（日経BP社）2010年
[2] 『基礎からわかる情報リテラシー』奥村晴彦・三重大学学術情報ポータルセンター（技術評論社）2007年

演習問題

【問題】

様々な大学のドメイン名を調べてみよう。例えば，東京大学，京都大学や北海道大学のドメインはどうなっているか。

解答

放送大学は英語名を2009年にUniversity of the Airから，The Open University of Japanへと変更した。その変更を踏まえて，2010年4月からドメイン名もu-air.ac.jpからouj.ac.jpへと変更した。このように，ドメイン名が変更されることもある。2020年2月現在，東京大学は，u-tokyo.ac.jp，京都大学はkyoto-u.ac.jp，北海道大学はhokudai.ac.jpというように名前の付け方はそれぞれの大学によって異なっている。

3 インターネットを利用した学習

秋光　淳生

《ポイント》 インターネットを利用することで，時と場所を越えたコミュニケーションが可能となり，学びをより豊かできるようになった。インターネットを利用した学びについて，主に放送大学在学生向けのサービスについて紹介する。
《学習目標》 (1) 放送大学のインターネットを利用した学生サービスについて理解する。
(2) 情報技術によって，学習がどのように便利になってきたのかについて理解する。
《キーワード》 CMS, LMS, シングルサインオン，クラウドサービス，Wikipedia,

1. 放送大学におけるインターネットの活用

放送大学は放送を用いて授業を行う通信制の大学である。放送授業を登録すると，印刷教材が届き，放送授業をもとに学習を進める。また，各都道府県に学習センターがあり，入学すると学習センターに所属する。この所属する学習センターが学生のキャンパスであり，学期末の単位認定試験の会場となる。また，学習センターでは，対面での面接授業や，ゼミ，講演会，サークル活動も行われている。このように，放送大学は，全国にある学習センターをキャンパスに，郵送や放送といったメディアを使って講義を提供してきた。こうした放送大学でも，近年は，インターネットの活用が進んでいる。そこで，2020年3月時点におけ

図3-1　在学生向けサービス

る放送大学の学生向けのサービスについて説明する。

在学生用のサービスを利用する場合には，放送大学のWebページから「在学生の方へ」をクリックする（図3-1①）。クリックすると，図3-2に示す画面が現れる（以降，必要がない場合にはページ内のみ表示する）。その中の「システムWAKABA（教務情報システム）」を選ぶ。

システムWAKABAは住所や成績などの教務情報や登録している授業の連絡や質問を扱うためのシステムであるが，同時に在学生向けのサービスへの入り口（**ポータルサイト**）の役割を担っている。

クリックすると図3-2のような画面が表示される。

放送大学

放送大学 認証システム

ログインID およびパスワードを入力してください

ログインID:

パスワード:

ログイン　クリア

この画面は「システムWAKABA」「G Suite（GMail）」「図書システム蔵書検索ＯＰＡＣ」等のログイン画面であり、ＳＳＯ（シングルサインオン）を提供します。

ＳＳＯ（シングルサインオン）とは、上記のシステム等で１度ログイン操作を行なうことで、ブラウザを閉じるまでの間、他のシステムのログイン操作を行なうことなく利用が可能となる仕組みです。

当サイトでは、利用者の利便性向上を目的としたＳＳＯの機能を実現するために、セッションCookie（クッキー）を利用しています。セッションCookieには個人情報は保持しておりません。

セッションCookieは、ログアウトすることで破棄されます。
セッションCookieはシステム毎に作成されるため、複数のシステムに同時にログインしている場合は、それぞれログアウトを行ってください。
特に共用のPCを利用する際は、利用終了時は確実にログアウトを行ってください。

●個人情報の取扱いについては、下記を参照して下さい。

図3-2　放送大学認証システムの画面

図3-3　放送大学システムWAKABAのホーム

学生向けのサービスは放送大学の在学生が利用できるものである。そのため，利用するときには，在学生であることの確認作業を行う必要がなる。サービスを利用している人が，そのサービスを利用する権利があるかどうかを確認する作業のことを**認証**という。利用者を特定するためにつけられた名前や番号のことを**ID**（Identification）という。認証を行い，サービスを利用可能なためにするために行う操作を**ログイン**といい，利用を終了して，ログインの状態を解消することを**ログアウト**という。放送大学のWebサービスでは，認証には，本人に固有の番号であるログインID（ユーザーIDやユーザー名と書かれることもある）とパスワードが用いられる。利用者を特定する番号と利用者しか知らないパスワードの組みあわせを調べることで本人であることを確認しているのである。それだけパスワードが重要であることを認識しておこう。

ログイン後のシステムWAKABAのページは図3-3のようになっている。上部右上には名前が表示される（図3-3②）。システムWAKABAは一定時間何も操作がないと自動的にログアウトされるようになっている。その残り時間が図3-3③に表示される。何かサイト内のページを見るなどの操作をすると60分に戻る。「システムWAKABA」は住所や成績などの教務情報や登録している授業の連絡や質問を扱うためのシステムであるが，同時に在学生向けのサービスへの入り口（**ポータルサイト**）の役割を担っている。図3-3④には他のシステムへのリンクが表示されている。

システムWAKABAを利用する場合には，トップメニュー（図3-3①）をクリックする。すると，図3-4のように学生生活全般のサポートである「キャンパスライフ」，登録している科目などのサポートである「授業サポート」，科目登録や成績確認，住所の変更などを行う「教務情報」，画面デザインの変更などを行う「個人設定」の4つに別れた

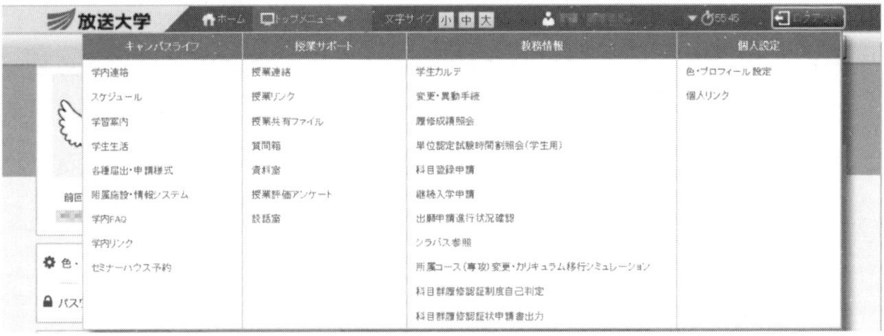

図3-4　放送大学システムWAKABAのトップメニュー

メニューが表示される。

「キャンパスライフ」の「附属施設・情報システム」にはこのシステムWAKABAの学生用のマニュアルがある。「授業サポート」では，放送授業の中で学生からの質問などに応じて，追加情報を「授業連絡」に掲載している科目を見つけたり，講義でわからない部分は「質問箱」を用いて担当講師に質問することができる。また，「教務情報」では，Webを用いることで，郵送や学習センターに行かなくても手続きが行うことができる。学期末の登録科目の成績確認は郵送よりも早く結果がわかり，その結果を踏まえてWeb上で次学期の科目の登録を行うこともできる。

現在のシステムWAKABAでは，操作するにはメニューバーから利用したいメニューを選びクリックする。また，ページに「戻る」ボタン（図3-5②）がある場合にはそのボタンをクリックする。ブラウザの機能である戻るボタン（図3-5①）を押すと，操作が続行できなくなり，最初から操作し直すことになるので注意しよう。

システムWAKABA以外にも様々な在学生向けサービスがある。

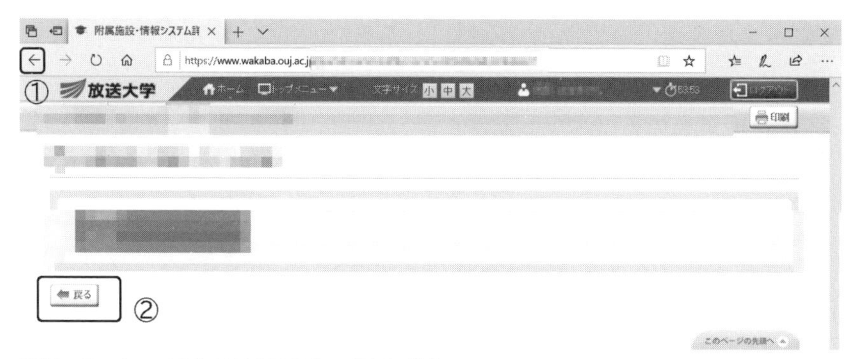

図3-5　システムWAKABAの戻るボタン

1. オンライン授業

2015年度からは放送授業と面接授業と並んで，オンライン授業というスタイルの授業が開講されている。そして，2016年度からは，小テストやレポートの提出，電子掲示板を用いたディスカッションなどの学習活動をもとに評価を行い，単位認定試験を行わない科目も開講されている。オンライン授業には登録した学生のためのサイト[7]だけでなく，これからオンライン授業を受講しようとする学生が事前にオンライン授業を体験することができる体験版のサイト[8]が構築されている。それについては15章で述べる。

2. 通信指導問題の提出（通信指導システム）

放送授業を受講する場合には，半期に1度，通信指導として，演習問題の提出が義務づけられている。かつて，すべて郵送で行われてきた通信指導は近年Webで提出することもできるようになった。これを「Web学習システム・通信指導」と呼んでいる。科目によっては，Webからの提出しか受けつけないものもでてきた。記述式の問題などでは，まだ郵送のみで提出する科目もある。

3. 放送授業を見る（ネット配信）

放送授業はBSで放送されているが，同時に在学生向けに配信を行っている。

在学生であれば，すべての配信科目を見ることができる。ただし，配信許諾の関係から動画の保存や複製は禁止され，動画や音声を部分ごとに随時ダウンロードしながら聞く（**ストリーミング**）形式で配信されている。ネット配信の一部の科目は在学生以外でも見ることができる。もし，システムWAKABAにログインした状態で配信サイトのリンクをたどっていった場合には，図3-6（a）のようにIDとして学生番号が表

(a)

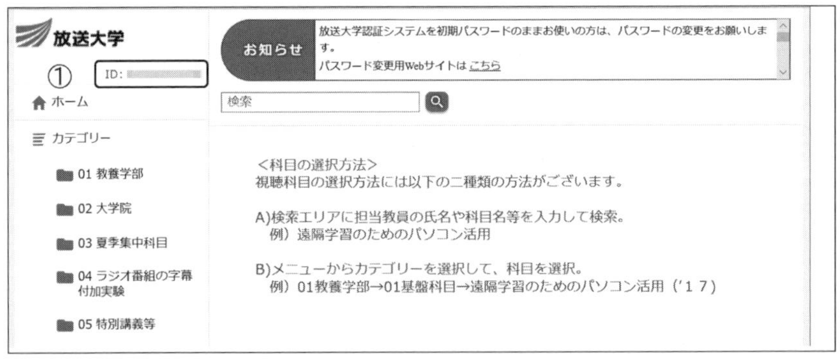

(b)

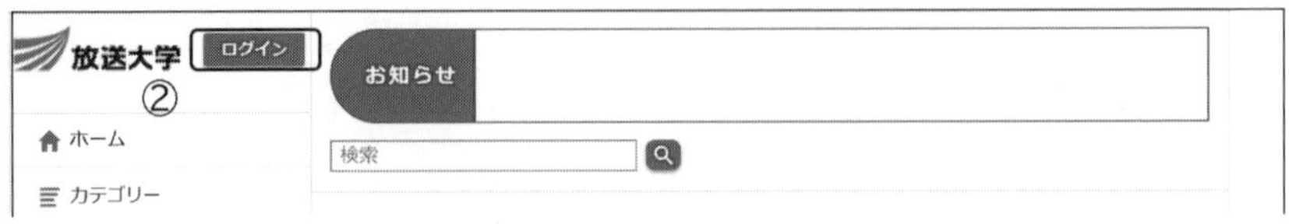

図3-6　システムWAKABAの戻るボタン

示される。ログインしていない場合には図3-6（b）のようにログインボタンが表示されるので，ログインボタンを押すと放送大学認証システム（図3-2）へ遷移するので再度ログインする。

4. 単位認定試験問題及び解答

学期末に行われる単位認定試験では問題の持ち帰りは許可されていない。過去1年分の単位認定試験の問題と公表している科目の場合はその解答を閲覧することができる。

5. 本を探す（図書情報システム）

図書を利用した情報源の活用については第7章，第8章で扱う。

このように在学生向けサービスがあり，異なるWebサイトで運用されていることもある。Webブラウザから初めて利用する場合には認証を行う。しかし，一度認証を行ったら次に他のサービスを利用する場合には，認証することなく利用できる。これを**シングルサインオン**（Single Sign On: SSO）という。ただし，一定期間何も操作をしないか，ブラウザを閉じると自動的にログアウトされる。

2. クラウドサービスの活用

インターネットを利用することで，自分のパソコンにあるアプリケーションを利用し，作成したファイルを保存するという使い方だけではなく，ネットワーク経由で他のコンピュータの資源を活用することも可能になってきた。このようなサービスを**クラウドサービス**という。これによって，自分のパソコンとスマートフォンとで同じファイルを共有したりすることも可能になってきた。ここではそうしたサービスの例としてGoogle Driveについて説明する。

Google Chromeのインストール

Webブラウザとして Microsoft Edgeを利用して Google Driveを利用することもできる。しかし，パソコンを利用しているとアプリケーションをダウンロードしてインストールするということもあるだろう。Webブラウザには多くの種類もあるが，Google Chromeは世界的に広く使われているWebブラウザである[2][3]。そこで，アプリケーションを追加する例としてGoogle Chromeのインストールについて述べる。まず，アドレスにhttps://www.google.co.jp/chrome/と入力し，図3-7①で「ダウンロード」をクリックする。

ダウンロードをクリックすると，利用規約が表示される。図3-8のように，「Google Chrome機能向上のために，自分の使用統計データ

図3-7　Chromeのダウンロード

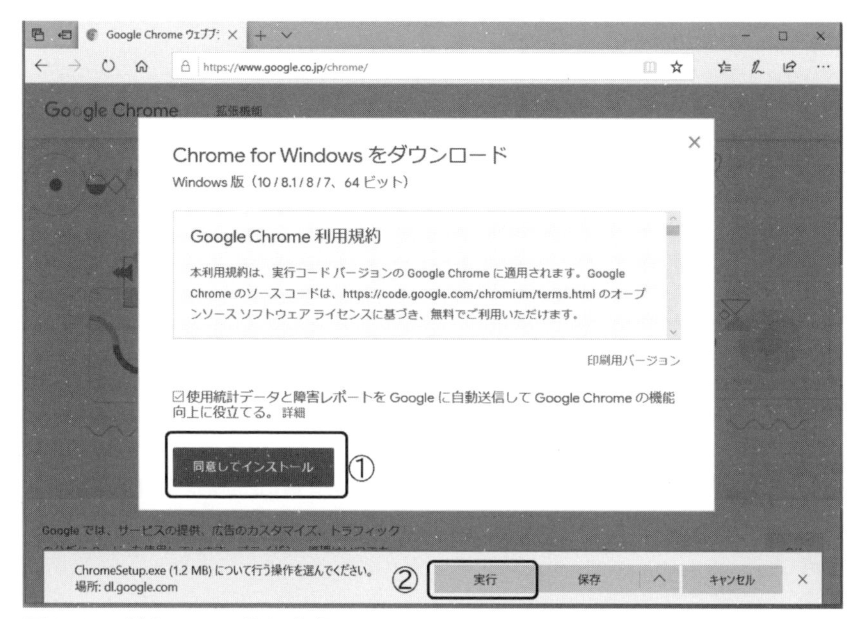

図3-8　ダウンロードと実行

や障害レポートを自動的に送信することを許可する」がチェックされた状態になっている。もし許可しないのであれば，クリックしてチェックを外してインストールを進めることもできる。その後，「同意してインストール」をクリックする。画面下にダウンロードファイルについての操作を問う画面が表示されるので，インストールのためにダウンロードされるファイルを実行する場合には「実行」を押す。「保存」ボタンを押して，インストールのための実行ファイルをパソコンに保存しておいてからインストールすることもできる。

実行を押すと，図3-9（a）の画面が表示される。これは，パソコンにアプリケーションを追加するなどの重要な変更がある場合に，自動的に変更されないように，変更の許可を求めるものである。「はい」をク

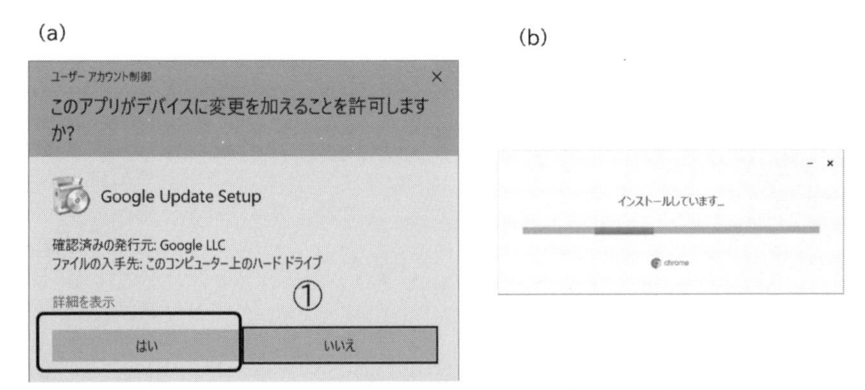

図3-9　ユーザーアカウント制御とインストールダイアログ

リックすると，必要なファイルがダウンロードされ，インストールされる。完了すると，デスクトップとタスクバーに起動のためのアイコン が追加される。

Google Chromeを起動すると，図3-10のような画面が表示される。Webを閲覧するときに，EdgeとChromeのどちらかを通常使うアプリケーションとして設定することができ，Chromeを通常使うものとする場合には，「デフォルトとして設定」をクリックする（図3-10①）。

Googleのアカウントでログインしている場合には，図3-10②のところにユーザーのアイコンが表示される。図3-10③をクリックすると設定メニューが表示される。

ログインする場合には，p.58の図3-11①をクリックしてメニューを表示し，アカウントを選択する。Googleアカウントとのページに移るので，ログインをクリックする（図3-11③）。

放送大学では学生用のメールアドレスとしてGmailを利用しており，在学生はアカウントを作成しなくても，Googleドライブなどのサービスを利用することができる。図3-12で放送大学のメールアドレスを入

図3-10　起動後のGoogle Chromeの画面

力する。

メールアドレスを入力すると，放送大学認証システム（図3-2）へ遷移するのでIDとパスワードを入力するとログインすることができる。図3-13はログイン後にhttps://www.google.co.jpのページを見た画面である。図3-10②の部分が自分の名前のアイコンに変化する。メニュをクリックすると（図3-13②），利用できるサービスが表示される。電子メール（Gmail）やネット上にファイルを保存する**クラウドストレージ**（ドライブ）や文書作成などのオフィスアプリケーションを利用することができる。

クラウドストレージは，インターネット上のサーバーにファイルを保存する。そのため，スマートフォンやタブレット，別のパソコンなどか

(a)

(b)

図3−11　起動後のGoogle Chromeの画面

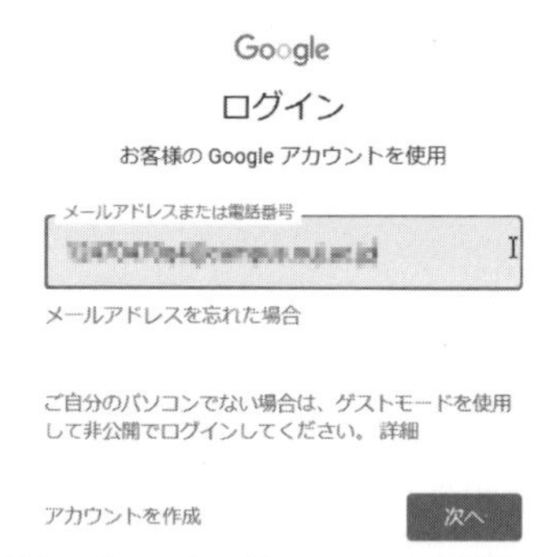

図3−12　Google Chromeのログイン画面

らファイルを参照し，利用することができる。スマートフォンで撮った写真を自分のパソコン上で参照し，編集することも容易になる。放送大学の在学生の場合には，全国にある学習センターのパソコンを利用できる。そこで作成したファイルを自分のGoogleドライブに保存し，家に

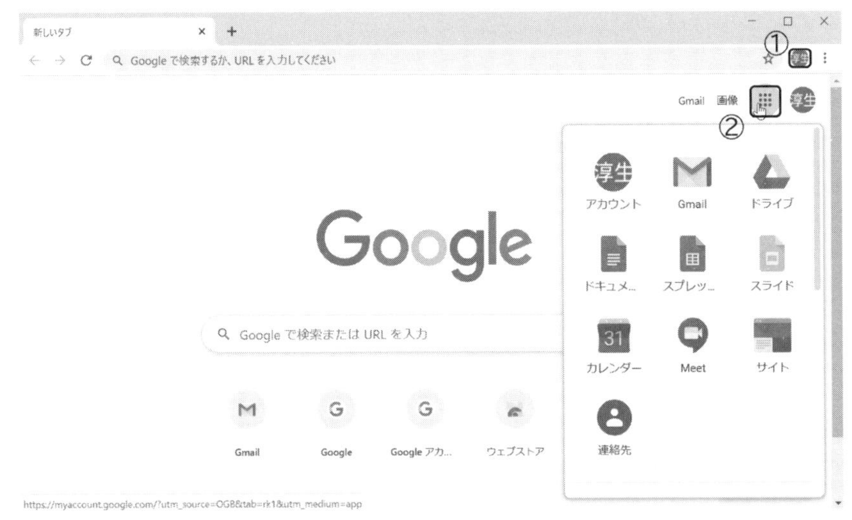

図3-13　ログイン後の画面

帰ってから自分のパソコンでそのファイルを利用するということもできるようになる。放送大学のアカウントで利用する場合，利用できる容量制限は無制限である。

Googleドライブ以外にもクラウドストレージのサービスを提供しているものはある。Windows 10をインストールする際にMicrosoftのアカウントを作成したのであれば，Microsoftが提供するOneDriveを利用することができる。Microsoftアカウントがない場合には，無料で作成することができる。また，クラウドストレージを提供するサービスの多くは，自分のパソコン上にあるファイルとクラウド上にある自分のファイルとを自動的に同期する機能を持ったアプリケーションを提供している。そのアプリケーションを用いることで，クラウドストレージをバックアップのために用いたり，複数のパソコンで同じファイルを利用したり，さらには，同じファイルをグループで共有し，協同してファイルの編集を行うということもできる。

3. Webページの動的生成とCMS

Webページを作成するためには，HTMLファイルを作成する。HTMLファイルをもとにWebブラウザとWebサーバー間でファイルのやり取りを行う。このとき，WebサーバーとWebブラウザとの間での通信，通常，無記憶であり，サーバーはその都度リクエストに応じてファイルを提供する。しかし，Webページはあらかじめ作られた静的なページだけではない。サーバー上で動作するプログラムを作成し，Webブラウザからのリクエストに応じて動的にHTMLファイルを作成することもできる。また，WebサーバーとWebブラウザ間で一時的な情報の書かれた，サイズの小さなファイルをやり取りすることで，利用者がどのような状態にあるのかをサーバー側で把握することもできる。WebサイトとのWebブラウザ間でやりとりされるファイルをクッキーという。クッキーの技術と，動的にページを作成する技術を利用することで，利用者がWebブラウザ上からWebページを作成したり，または各利用者の状況やリクエストに合わせたWebページを表示したりすることもできるようになった。図3-14はそのことを模式的に表した図である。

Webブラウザ上からWebサイトの構築や管理などを行うことができるシステムをコンテンツ管理システム（Contents Management System: **CMS**）という。CMSが導入されたWebサイトでは利用者はHTMLの知識なしにWebページを作成することができ，Web上の日記であるブログなどを作成することができる。このようにCMSによって，情報を発信することが容易にできるようになってきている。

CMSの例としてWeb上の百科事典であるWikipediaがある。

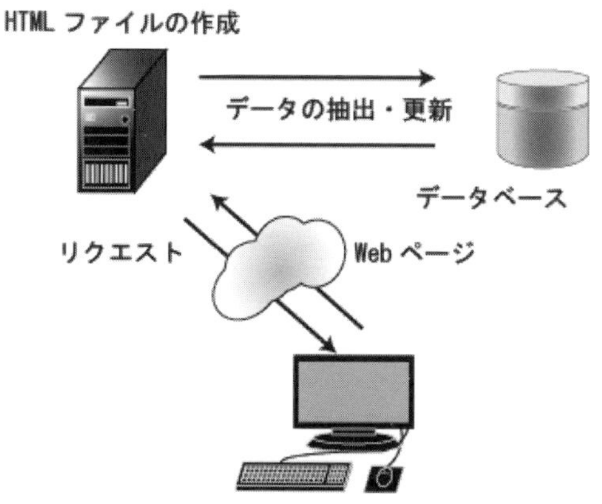

図3-14　Webページの動的生成

Wikipediaはウィキメディア財団という非営利組織によって運営されており，寄付によって成立している。Wikiというしくみを用い，新しい項目の作成，既存の項目を修正，削除ということを，Web上から誰でも自由に行うことができる。そのため，通常の百科事典では取り上げられないような細かな事柄が扱われている，一方で，時として誤った記述が含まれることがあるが，さらにそれを見た人によって修正されるということもある。

4. まとめ

放送大学は，放送というメディアを持つ大学である。放送大学でもインターネットの活用が進んでいる。それは単に利便性を向上させるだけにとどまらない。

放送大学では，年齢も職業も多様な学生が学んでいる。全国にある学習センターでは，多様な学生と意見を交換し，学びを深める機会を得ることができた。今後はインターネットを利用することで，家庭からでもその機会を得ることができる。多様な学生によるコミュニケーションの機会は今後一層進んで行くことになると思われる。

この講義の後半ではOfficeの使い方を学ぶ。それにより，かつて手書きで行っていた学びの記録を，Wordなどを用いて電子化していくことができる。パソコンを用いることで，写真や音声といったマルチメディアを扱うことも可能だろう。

参考文献

[1]『キーワードで理解する最新情報トピックス2015』久野靖，佐藤康弘，辰己丈夫，中野由章監修（日経BP社）2015年
[2] “Market share for mobile, browsers, operating systems and search engines ¦ NetMarketShare” https://netmarketshare.com/
[3] “StatCounter Global Stats - Browser, OS, Search Engine including Mobile Usage Share” https://gs.statcounter.com/

この章で紹介したサービスが開講期間中に変更されることもある。大学からのお知らせや「学生生活の栞」を参照してほしい。

[4] 放送大学広報用Webサイト　https://www.ouj.ac.jp
[5] 放送大学システムWAKABA　https://www.WAKABA.ouj.ac.jp
[6] 放送大学Web学習システム・通信指導　https://tsushin.ouj.ac.jp
[7] 放送大学オンライン授業　https://online.ouj.ac.jp
[8] 放送大学オンライン授業体験版　https://online-open.ouj.ac.jp

演習問題

【問題】

1. 放送大学の大学院は1研究科1専攻の中に7つのプログラムがある。放送大学のWebサイトを調べてそれぞれのプログラム名を調べよ。
2. 無料で利用できるクラウドストレージにはどのようなものがあるか，その容量について調べよ。
3. この科目の受講生であれば，各回の授業が放送されるタイミングで毎回お知らせを作成している。システムWAKABAにログインし，お知らせを確認せよ。また，この科目の通信指導問題の提出は郵送ではなくWebからとなっている。通信指導問題の提出期間にWebサイトから提出せよ。

解答

1. 「生活健康科学」，「人間発達科学」，「臨床心理学」，「社会経営科学」，「人文学」，「情報学」，「自然環境科学」。
2. 略
3. 略

4 電子メールのしくみと利用

秋光　淳生

《ポイント》 電子メールが普及することで，離れた相手へ手軽にメッセージとファイルのやり取りを行うことができるようになった。最近では，専用のアプリを用いないWebメールも普及してきている。そこで，Webメールを元に，電子メールの要素について述べ，そして，メールの利用の上で気をつけるべき事柄について述べる。最後に，電子メールを利用するためのソフトウェアであるメーラーの設定を行うために必要なしくみについて，簡単に説明する。

《学習目標》 (1) 電子メールが送受信されるしくみを理解する。
(2) 電子メールの要素について理解する。
(3) マナーを意識して電子メールを利用することができる。

《キーワード》 電子メール，メールアドレス，Webメール

1. 電子メールの要素

メールを読む場合には，Outlookなど専用のアプリを使うことがある。電子メールを読むためのアプリを**メーラー**（メールソフト，メールクライアントソフト，Mail User Agent，MUA）という。こうした専用のアプリではなくWebページを見るように，メールの読み書きができる**Webメール**も増えてきている。

放送大学では，2020年現在，放送大学の在学生向けにGmailを用いてメールアドレスを提供している。家庭では，プロバイダーに加入すると，メールアドレスを取得できることが多い。また，Gmailや，

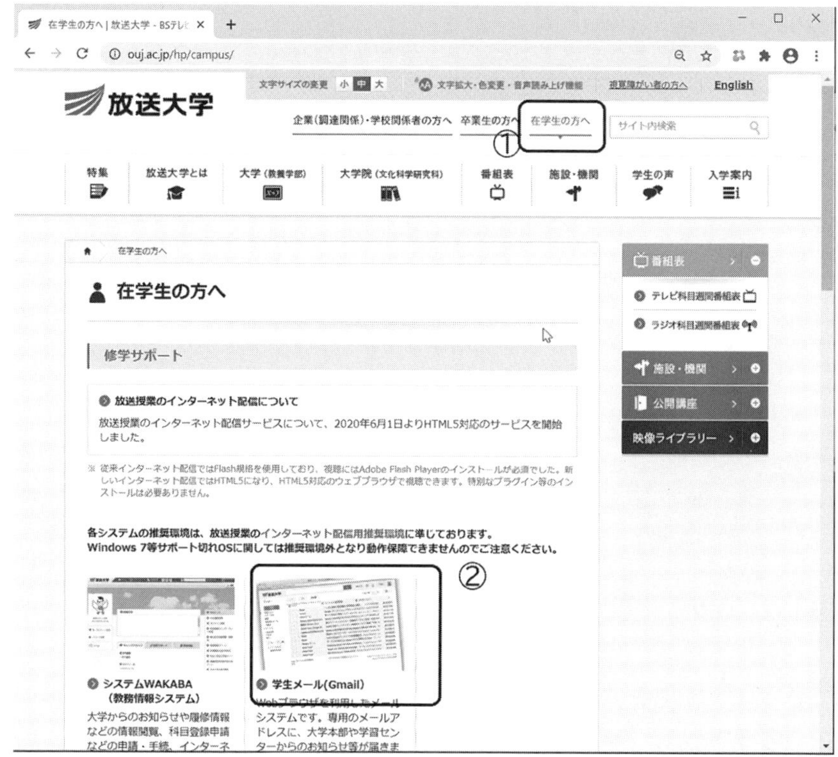

図4-1　在学生向けサイト

yahoo，Outlook.comなど無償提供しているところもからもメールアドレスを取得できる。

ここでは，放送大学学生向けのGmailを例にメールの利用の仕方について述べる。まず，放送大学のWebサイトから「在学生の方へ」（図4-1①）をクリックして，学生メール（図4-1②）をクリックする（お気に入りに登録しておいてもよいだろう）。放送大学統合認証サイトに移動するので，学生番号とパスワードを入力する。

図4-2　ログイン後のGmailの画面

ログインすると，図4-2のような画面が表示される。上部には検索ボックスがあり（図4-2①），送受信したメールから検索ができる。右側には自分の名前が表示されたアイコン（図4-2②）が表示される。終了するときは，ここをクリックし，メニューからログアウトを選択する。受信トレイには，送信者とタイトルが並んだリストが表示される。届いた順に並び，未読のものはボールド体で表されている。

読みたいメールを選び，受信者かタイトルをクリックする。

電子メールの特徴の一つは返信が容易であることである。毎回新規に電子メールを作成するのではなく，届いたメールに返事を書くことが多い。メールに返信したやりとりがまとまって表示される。このメーラーによってメールのタイトルの前に「Re:」という文字が自動的に追加さ

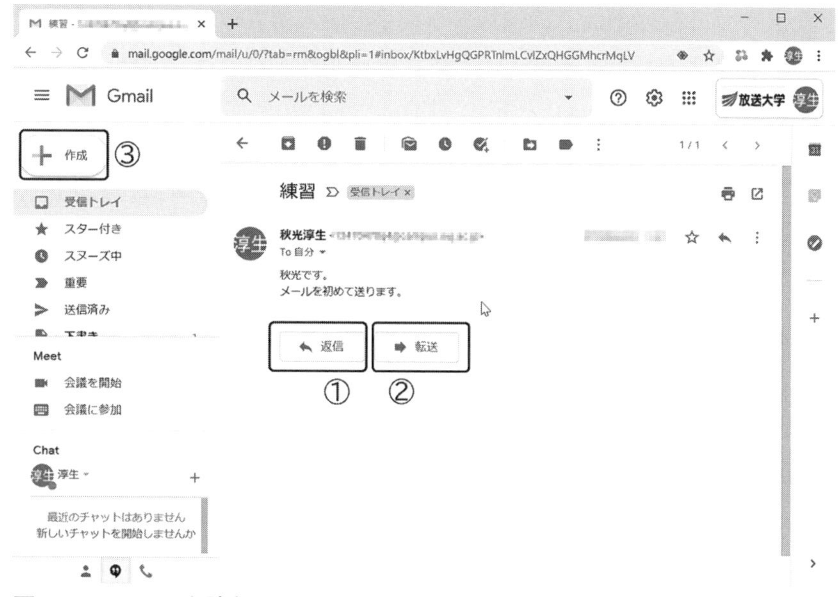

図4-3　メールを読む

れる。届いたメールに返信する場合には，「返信」ボタンをクリックする（図4-3①）。届いたメールを他の人にも送る場合には，**転送**をクリックする（図4-3②）。その場合には本来のメールのタイトルにメーラーで自動的に，「Fw:」という文字が追加される。新規にメールを作成するときには，「作成」ボタンをクリックする（図4-3③）。

宛先メールを送りたい相手を指定するには，「To」の枠に相手のメールアドレスを指定する。複数の宛先がある場合には，カンマ（,）やセミコロン（;）で区切って指定することができる。

同じメールをコピーして他の人にも送ることができる。それには，カーボンコピー（**Cc**）とブラインドカーボンコピー（**Bcc**）の2種類がある。この違いを封筒の手紙を例に考えてみよう。メールサーバーは

「To」や「Cc」,「Bcc」の情報から相手の個人個人のメールアドレスを書いた宛て名を作成する。このとき，メールサーバーは，メールの本文と別に，送り主（From）と宛先（「To」,「Cc」）と件名といった情報を付け加えて送信する。このとき,「Bcc」の部分は取り除かれる。

例として，A@host1.comという電子メールアドレスを持ったAが次のようなメールを送ったとしよう

To: B@host2.com,
Cc: C@host3.com
Bcc: D@host4.com
Subject: お知らせ

すると，B，C，Dには

From: A@host1.com
To: B@host2.com
Cc: C@host3.com
Subject: お知らせ

というメールが届く。このことから次のことがわかる。

Bは，Cにもこのメールが送られていることがわかるが，他にDに送られているかどうかはわからない。Cは，自分の届いたメールはB宛のメールにCcで加えられているメールだということがわかるが，Dに送られていることはわからない。一方，Dは，B宛のメールで，CcでCが加えられていることがわかる。ToとCcに自分がないことから，自分にはBccで送られたのだと判断できる。

そこで，送りたい相手の宛先を「To」に，その人と知り合いである人に，やりとりを知ってもらいたい場合に「Cc」に追加するのがよい。もし，互いに知り合いでない場合は，人のメールアドレスを無断で教えることになってしまい，マナー違反と判断されることもある。また，「Bcc」は例えばパーティのお知らせなど，直接は知り合いでない人に一斉に送るという場合などに用いるとよいだろう。

CcやBccを追加する場合には，図4-4①をクリックする。すると図4-4②のような画面が現れる。

宛先を指定したら，件名（Subject）を書き，その下にメールの本文を書く。電子メールでは，文書などのファイルを添付して送ることができる。添付する場合には「ファイルを添付」を選び，添付するファイルを選択する（図4-4③）。

電子メールは元々，**ASCII**（American Standard Code for Information Interchange）文字と呼ばれるアルファベットなどの文字を送る前提で作られていた。しかし，その後，電子メールの利用の拡大に伴って，漢字や平仮名などの文字を用いたり，それ以外の画像や文書ファイルなどの様々な書式のファイルを送ったりすることができるようになった。電子メールにおいて，画像や音声などを送るために定められた規格のことを**MIME**（Multimedia Internet Mail Extension）という。日本語や添付ファイルは，ASCII文字に変換され，送られた先で元のファイルに復元するという作業を経ることになる。こうした変換をするため，実際に送られる電子メールの添付したファイルは実際のサイズより大きくなる。図4-4④に示すように添付ファイルの横にはファイルのサイズが表示される。添付ファイルとして，ストレスなくやり取りできるファイルサイズの大きさは，通信速度など相手の利用環境に依存する。送る前に一度確認し，数メガバイトより大きなファイルを送る場合には相手に

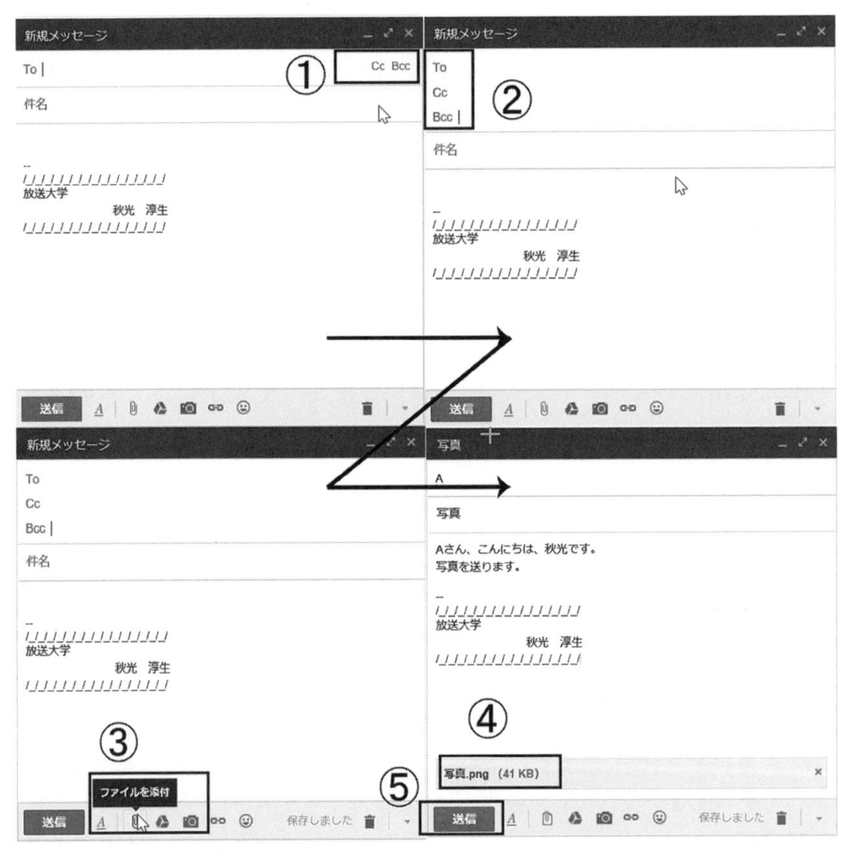

図4-4 メールの作成手順

事前に相談しておくとよいだろう。すべての要素を確認したら，メールを送信する（図4-4⑤）。

2. 電子メールのしくみ

前節では，Webメールの手順について述べた。ここでは，もう少し

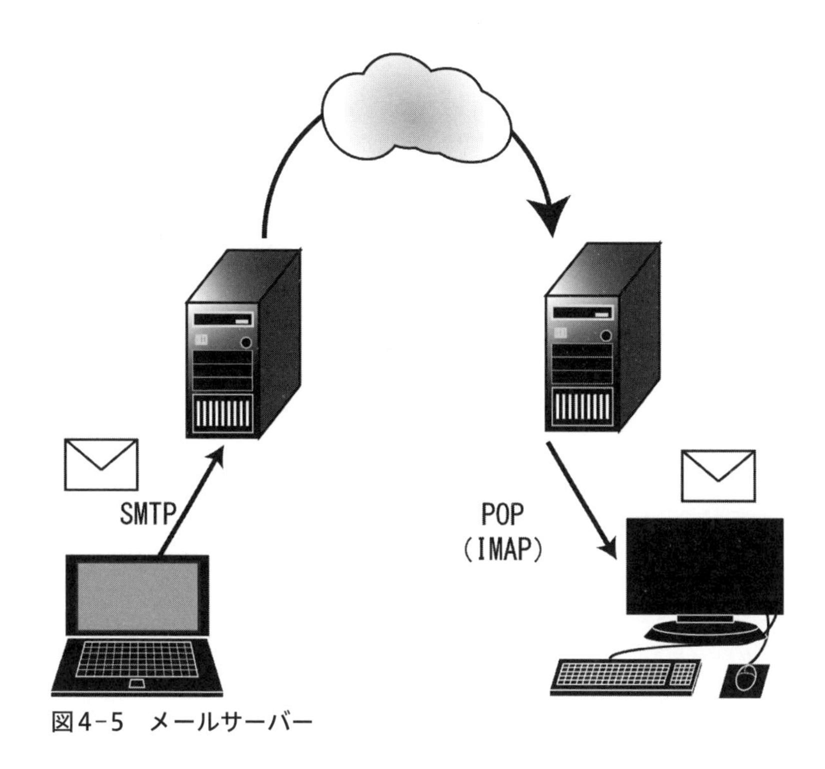

図4-5　メールサーバー

詳しく電子メールのしくみについて考えてみよう。電子メールはインターネットを利用した手紙と考えることができる。実際の郵便である人に手紙を送るということを考えてみよう。手紙を送る場合には，住所と氏名が正しく記載されている必要がある。住所を指定することで届け先が1つに定まり，氏名によって本人が特定され，無事相手に手紙が届く。

電子メールの場合，相手を特定するために用いられるものが（**電子**）**メールアドレス**である。メールアドレスが正しく記入されていれば，その相手に電子メールは届く。しかし，メールアドレスが一文字でも違うとメールが正しく届かない。場合によっては，送りたい相手ではない誰か他の人に届いてしまうということも起こり得る。このように，メールアドレスは世界中の人の中から相手を特定する大切なものである。そこで，メールアドレスが世界で一つのものであることを確認しておこう。

メールアドレスはhousou@XXX.jpといったように「@」によって区切られた形をしている。「@」以降が，学校などの組織やプロバイダー，または，その中にある部署などの名前を表している。2章で述べたようにドメインだけで組織を特定できるようになっている。

そして，housouはこのXXX.jpという組織やプロバイダーなどにおいて，利用者を特定するための名前（ユーザー名）を表している。このユーザー名は，「@」以降で表される組織などで，重複がないように管理されており，既に使われているものは利用することができない。このように，メールアドレスは世界でただ一つのものであり，利用者を特定するものとして利用できている。

実際の手紙をやり取りするプロセスを考えてみよう。手紙のやりとりの中で人はポストに投函するという作業と，自宅の郵便箱に届いた手紙を取りに行くという2つの作業をする。メーラーは作成した電子メールを，メール配送サービスをするコンピューター（サーバー）へと送る「送信」と，届いたメールを取得し，本人に届ける「受信」という2つの作業を行っている。メールサーバーが電子メールを配送する時に用いる配送の取りきめをSMTP（Simple Mail Transfer Protocol）という。一方，メールソフトとメールサーバー間で届いた電子メールをやり取りする取りきめには，POP（Post Office Protocol）またはIMAP（Internet Message Access Protocol）が用いられている。POPやIMAPは，それぞれのバージョンを最後につけて，POP3，IMAP4と表記されることもある。この章では，以降POPまたはIMAPと記す代わりに，POP（IMAP）と記すことにする。このように，電子メールのサービスを行うサーバーには，SMTPサーバーとPOP（IMAP）サーバーという2つのサーバーがある（これらが同じ一台のコンピュータであることもある)。

郵便を送る時に必要なのは誰が送ったかではなく，誰に送ったか，という作業であり，送り主が誰であるかを確認せずにメールの配送を行うことができる。一方，届いたメールは本人であることを確認してから渡すことが望ましい。そのため，POP（IMAP）は，メールの届いた利用者が誰かを判断する必要があるためにユーザー名とパスワードを用いて認証を行う。このため，メールソフトには，SMTPサーバーとPOP（IMAP）サーバーを指定し，そのサーバーとの通信のためのユーザー名とパスワードという項目を設定する。

3. 電子メールにおいて気をつけること

電子メールを利用する上で気をつけておくべきルールやマナーについて述べる。まず，電子メールを読む上で気をつけるべき事柄について述べる。電子メールを利用していると，広告や宣伝など意図しない相手からのメールが届くこともある。2008年の法規制によって，広告や宣伝などのメールに関して，事前に同意を得ない利用者にメールを送ることに対して規制が設けられたが，それでも心当たりのない送り先からの電子メールが届くことがある。こうした迷惑メールの中には読ませようとして様々な工夫が凝らしてあり，中には興味を惹く文面のものもあるかもしれない。しかし，面白そうだといって，気軽にクリックしたりしないように注意しよう。

また，コンピュータウィルスに感染した人から，コンピュータウィルスを含んだ添付ファイルが送られることもある。こうしたコンピュータウィルスに対する対策は第6章でも扱うが，添付ファイルが含まれている場合には，送り主やタイトルなどをから信頼できるものであるかどう

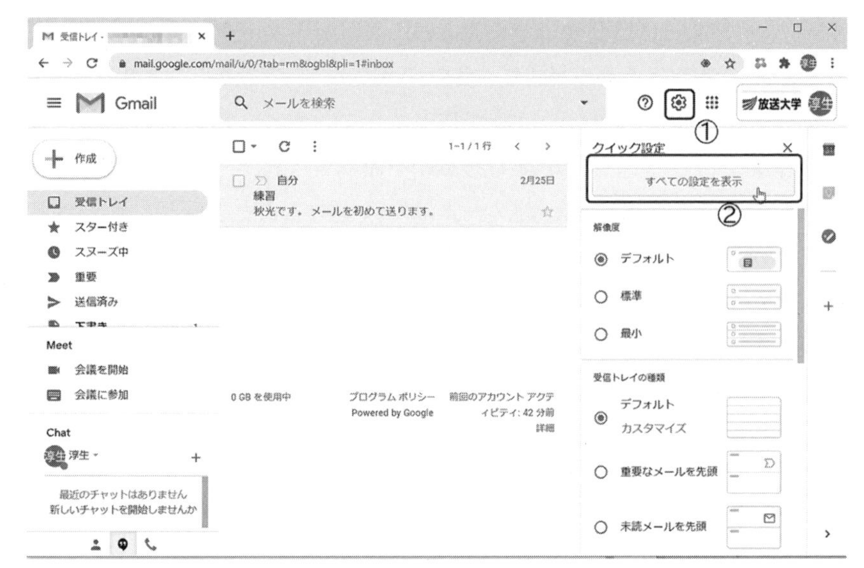

図4-6　Gmailにおける設定画面の呼び出し

かを確認してから開くような習慣をつけておこう。近年は，差出人を偽って送ってくるメールもある。メールアドレスも確認しておくとよい。

電子メールはコミュニケーションのためのツールである。そうしたコミュニケーションのルールとはその相手との間で決まるものであり，ひとりよがりになってはいけない。メールを送る時には以下のことに気をつけよう。

①宛先を間違わないように気をつける

当たり前のことだが，まずは間違えずに送ることが何よりも大事なことである。メールソフトの中には，アドレス帳の機能を持っているものも多いので，間違えずに登録しておけば，以降はそれを使うようにすればよいが，最初は特に注意するようにしよう。間違えた結果，メールが届かなかったというのであればよいが，宛先を1文字間違えた結果，大事な内容を別の利用者に知られてしまったということもあり得ないことではないので注意が必要である。

②相手の名前，自分の名前を書く。

携帯電話などでアドレスを交換している場合には，アドレス帳に登録され，誰から届いたのかを判断できることも多い。しかし，電子メールでは必ずしもそうならないこともある。本文にも「A様，Bです。」といったことを書く習慣をつけておくとよい。

メールを作成すると自動的に署名が付くように設定できるものもある。そこで，Gmailにおける署名の追加について説明する。電子メールの設定を行う場合には，画面の右上にある歯車のアイコンをクリックする。

Gmailの設定項目の中に「全般」（図4-7①）の項目がある。右側のスクロールバー（図4-7②）を用いて，下にスクロールしていくと署名（図4-7③）の項目がある。最初に作る場合には新規作成を押し（(図4-7④)），署名に名前をつけた後，小窓（(図4-7⑤)）に署名を追加する。

署名を追加したら，さらにスクロールバーを下げる。一番下に「変更を保存」（図4-8①）ボタンがあるので，クリックする。クリックすると受信トレイの画面に戻る。

③簡潔に書く。

メールでは1文であっても，1行の文字数を多くしないように，改行をする。段落を変える時には，1行開けて送ることが多い。そのため，

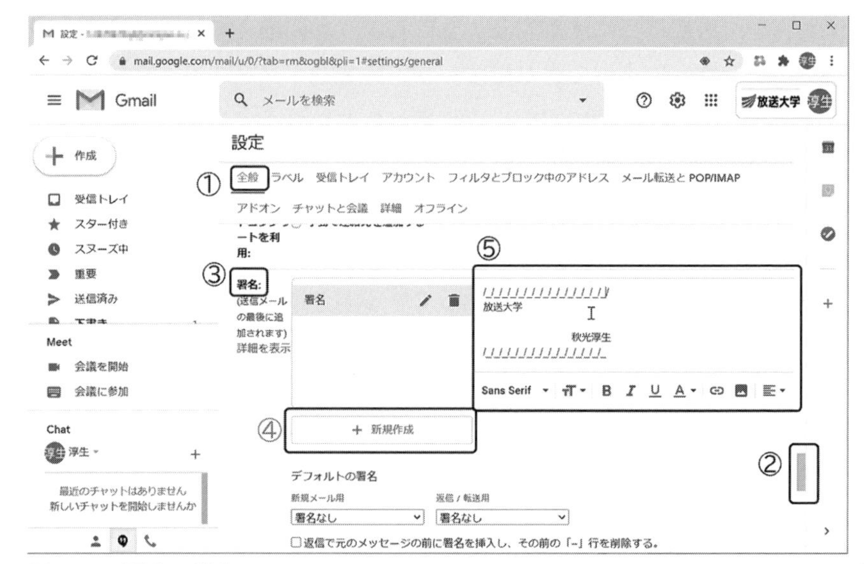

図4-7　署名の追加

図4-8　設定の保存

長い文章を書くと，画面をスクロールしなくてはならなくて面倒である。文字での情報は必ずしも自分の思った通りに伝わるとは限らない。また，丸数字（①②…）やローマ数字（ⅠⅡ…）といった機種依存文字は，パソコンの環境が異なると正しく表示されないこともあるので注意する。

④添付ファイルの中身について

ファイルをやり取りする上で添付ファイルは非常に便利ではあるが，ファイルを添付する時は，本当に添付する必要があるかを考え，また，添付する必要がある場合にも，容量をチェックしてから送ろう。例えば，添付ファイルに含まれる文書ファイルを開いてみたら，メールの本文とさほど内容がさほど変わらないという場合はないだろうか。

添付ファイルの容量が多い場合には，無料のファイル転送サービスを利用するという方法がある。そうしたサイトに必要なファイルを送り，そのURLをメールで送る。メールを受信した人は，そのURLからファイルを取得することができる。このように添付ファイル送る場合にはサイズや中身についてチェックすることが必要であろう。

4. まとめ

デジタル化されたものは簡単に複製を作成することができる。そうしたものをやり取りするしくみがあれば，全く同じものを離れた所に届けることができる。その結果，電子メールを利用して，写真や音声などの情報を相手へと送ることができるようになり，時間と場所を越えた双方向のやり取りが可能になった。しかし，そうした技術を用いていようと電子メールも相手とのコミュニケーションであることに変わりはない。そしてそこにはある程度のルールもある。電子メールのしくみとその要素を理解したうえで，正しく活用することが大事だろう。

参考文献

[1]　『情報ネットワークとセキュリティ』秋光淳生・川合慧（放送大学教育振興会）2010 年
[2]　『基礎からわかる情報リテラシー』奥村晴彦・三重大学学術情報ポータルセンター（技術評論社）2007 年

演習問題

【問題】

1. A@host1.comという電子メールアドレスを持ったAが，次のようなメールアドレスを作成した。

```
To: B@host2.com,
Cc: C@host3.com, D@host4.com
Bcc: E@host5.com, F@host6.com
Subject: お知らせ
```

　このときの電子メールの振る舞いとして述べた次の①から⑥の真偽を判定せよ。ただし，電子メールアドレスはすべて正しいものとする。

① BはCにこの電子メールが届いていることを知っている。
② BはFにこの電子メールが届いていることを知っている。
③ DはBにこの電子メールが届いていることを知っている。
④ DはEにこの電子メールが届いていることを知っている。
⑤ EはBにこの電子メールが届いていることを知っている。
⑥ EはFにこの電子メールが届いていることを知っている。

2. メールアドレスを複数持ち，目的に応じて使い分けることもある。その時には，届いたメールをどこかに転送しておくと便利である。Gmailで転送を行うにはどうしたら良いか，確認せよ。

解答

1. 正しい記述は，①，③，⑤の3つ。間違っている記述は，②，④，⑥の3つ。
2. 設定をクリックし（図4-6），その中から「メール転送とPOP/IMAP」の画面を開く。この転送メニューから「転送先アドレスを追加」を選択する。メールを転送する際には，届いたものをすべて転送して削除するのではなく，Gmailの受信トレイにも残すこともできる。

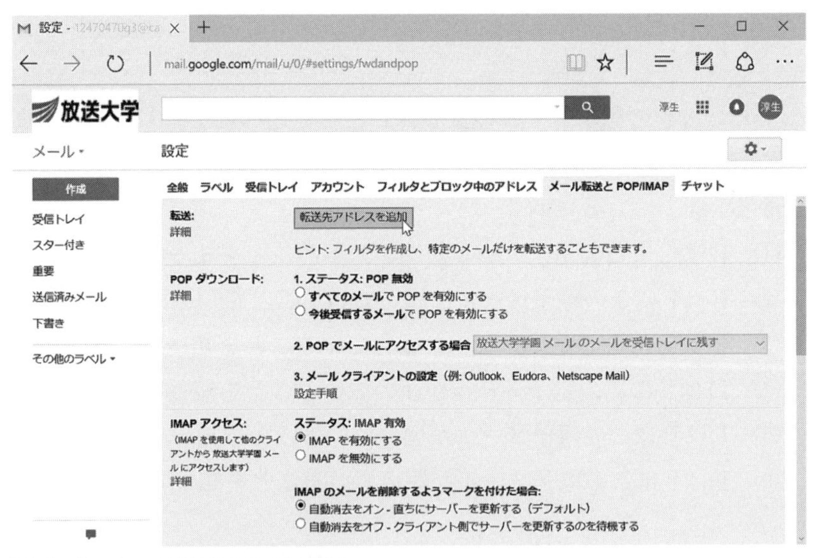

図4-9　メール転送の設定画面

5 情報セキュリティと リスク・マネジメント

辰己　丈夫

《ポイント》 学習を進める上で，パソコンをインターネットに接続すると，コンピューターウイルスに感染したり，個人情報などの情報を不正に盗まれたりしないように対処することなどが求められる。そこで，情報セキュリティの考え方と，実際のパソコンの設定例について述べる。OSやアプリ，ウイルス対策ソフトの設定と更新や，問題のあるサイトの調べ方などのについて具体的に述べる。また，事故にあってしまったときのためのリスク・マネジメントとして，日頃からパソコンをどのように管理するのがよいかについて述べる。

《学習目標》（1）情報セキュリティの基本的な考え方を理解し，他人に説明できる。

（2）自分のパソコンを安全に，法令などに違反しないように使い続けることができる。

（3）次々と新しい情報技術や制度が登場することから，上記（2）に必要な知識を，今後とも学び続けることができる。

《キーワード》 情報セキュリティ，リスク・マネジメント

この章と次の章の学び方

遠隔学習のためにパソコンを活用するにあたって必要となる情報セキュリティの背景や基本的な考え方について述べる。冒頭では，インターネット（1.）の意義や役割について，続いて，情報セキュリティ（2.），アセット管理（3.），リスク・マネジメント（4.）について述べる。

なお，情報セキュリティには，様々な言葉が登場する。そこで，言葉の定義，具体的なトラブルと対策（5.）は，本章の後半にまとめた。

次章では，情報倫理の基本的な考え方（1.），特に，著作権と個人情報（2.）を説明する。その後，情報倫理の必要性（3.）を考える。そして，具体的な情報活用として，ソーシャル・ネットワーク・サービス（SNS）（4.）コミュニティと学び（5.），SNSにおけるトラブルと対策（6.），学習と情報技術（7.）について述べながら，遠隔学習を充実させるための知識を知り，活用のための検討を行う。

1．インターネット

まず最初に，学術情報検索の一部を担う，インターネットについて述べる。

（1） インターネットの成立ちと精神

私たちは，様々な情報を得るために，諸々の情報源にあたることがあるが，インターネットもまた，情報を入手するうえで欠かせないメディアの一つである。ここで，インターネットについて，簡単に整理をしておこう。

現在，「インターネット」という言葉は，Webの画面やWebのことを指していると思っている人が多いが，インターネットとは，ネットワークのことである。Webは，その一部分である。

歴史的には，インターネットは，1960年代から運用が始まったネットワークで，1980年代前半までにおいては一部のネットワーク研究者や，（特にアメリカ合衆国の）政府関係機関のためのネットワークであった。当時の主な情報交換の方法は，電子メール及びFTPと呼ばれるファイル送受信の手順であった。電子メールは，多くても英文で数百字程度の短文を交換するために設計され，用いられていた。それより大きな情報は，磁気テープなどに記録して郵便などで送付していた。その後，様々な規定が研究者らによって作られ，メールの送付方法が簡単になったり，ファイル共有などもできるようになった。

そして，1990年には**インターネットの商業利用**が解禁され，1991年には日本でも商業利用を目指したネットワークプロバイダ（後述）が設立された。また，1995年頃から普及が始まったWorld Wide Web（略称WWW）と，1995年に発売されたWindows 95，および，それらの後継OSなどによって，情報を収集し，表現して，公表する団体や個人が多数登場するようになっていった。

以上のように，初期のインターネットでは，「**ネットワークの研究のために**」あるいは「**学術のためのボランティア**」として，様々な活動が行なわれてきた。一方で，商業利用が解禁された後のインターネットを利用して，利益をあげようとする個人や企業などの団体が登場し，それまでのボランティア中心の慣行とは違う考え方の利用者が増えてくるようになった。例えば，ボランティアによる「ありとあらゆる情報の拡散」は，以前は，多くの利用者のために容認されていた[1)]が，著作物から利益をあげている企業にとっては不都合である。また，個人情報が含まれていた場合は，プライバシー侵害事件を引き起こす可能性もある。

このように，インターネットが普及しようとしていた時代（主に，1995年から2002年頃）は，利用者がどのようにふるまうべきかをわかっていない，「**指針の空白**」が発生していた時代であった。

（2） インターネットの利用者と利用目的

現在，インターネットの利用者は，世界に数十億人を数えるに至って

1） 当時，「インターネットを流れた情報には著作権はない」と主張する人もいた。

いるが，実際にインターネットの恩恵を受けてない人は，ほとんどいない。スマートフォンやパソコンなどを使ってインターネットにアクセスしている人だけでないからである。

例えば，コンビニエンスストアやスーパーなどの商店と生産者を結んだり，多くの輸送機器（鉄道，自動車，航空機，船舶）や駅・道路・空港・港湾などのインフラで使われていたり，発電所や水道・ガスなどの日常生活の基盤を制御するためにも使われるようになっている。言い換えるなら，これらの情報システムにもインターネットは不可欠であり，ほとんどの人がインターネットを直接・間接的に利用しているといえる。

また，最近は**IoT（モノのインターネット）**と呼ばれる，小型でインターネットに接続可能な機械が多数登場しはじめている。一般家庭ではビデオデッキ，冷蔵庫，エアコン，電灯などの家電製品のみならず，メガネや衣服などの体に装着できるものでも，インターネットにつながるようになってきた。

このように，インターネットは，多くの人が利用者として関わり，様々な目的に利用されるようになってきた。このことが，本章で述べる情報セキュリティや情報倫理を考えるうえで，重要な背景となる。

2. 情報セキュリティ

（1） 情報セキュリティの背景

前節で述べたように，コンピューターやネットワークが発明・研究・開発され，私たちの日常生活に利用されるようになると，**情報セキュリティ**の問題が発生するようになってきた。なぜ，このような問題が発生したのだろうか？　ということを考えるのは，とても重要なことである。

もともと，コンピューターやネットワークが発生する前から，世の中には多くの事故や犯罪が発生してきた。一方で，コンピューターやネットワークは，最初は研究者らのためのネットワークであったことから，社会に影響が及ぶような事故や犯罪は発生していなかった。だが，前節で述べた，インターネットの商業利用解禁以降は，社会がインターネットを必要とするように変化してきたのである。このことこそが，まさにコンピューターやネットワークを利用した犯罪が行なわれるようになった契機となったといってもよい。

現在の情報ネットワークにおけるトラブルを，意図的なものと，意図していないものに分けて考える。

意図的なもの：多くの場合は，犯罪者による「金銭目的」「名誉目的」「名誉毀損目的」である。中には，戦争に関連したプロパガンダや，宗教・政治活動によるものもある。

意図していないもの：主に事故のケースである。設置者や利用者が，その適切な利用方法を理解していなかったり，情報機器そのものが故障したり，天変地異などで動作できなくなるなどの事故が発生することがある。

それぞれ，様々な対策が考えられているが，それぞれのケースについての対策をバラバラに考えるのではなく，それらに共通する対策の考え方が，情報セキュリティの基本的な考え方となる。

（2）　情報セキュリティの基本的な考え方

特に重要なのは，以下の２つの考え方である。

a. 情報のどのような性質を守るのか？

情報セキュリティ学においては，以下の３つを守ることが重要であるとされている。

1. **機密性（Confidentiality）**：保存した情報を，権限がない人に見せることなく保存されていること。
2. **完全性（Integrity）**：保存した情報が，完全なかたちで（破壊されることなく）保存されていること。
3. **可用性（Availability）**：保存した情報を，必要なときには（権限がある人が）取り出せるように保存すること。

これらは，情報セキュリティのCIAと呼ばれることもある。

b. リスク・マネジメント（危機管理）

「機密性」「完全性」「可用性」を守るためには，それらを阻害・侵害する事件・事故（リスク）がどのように発生するのかを知っておく必要がある。また，そのような事件・事故を発生しないようにする対策（リスクが現実にならないようにする）と，発生してしまった場合の回復手段などを，あらかじめ規約やルール，あるいは法令などで決めておくべきである。

3. アセット管理

情報セキュリティを考えるにあたっては，「自分が，どのようなハードウェア・ソフトウェアを利用しているのか」を，目録などを作って管理しておくことが必要である。これを，「アセット管理」という。（アセットとは，資産という意味である。）アセット管理のために目録に載せる対象には，次のような項目が考えられる。

・利用しているハードウェア
・利用しているソフトウェア
・利用しているサービス

まず，パスワードについて述べ，続いて残りを述べる。

（1）パスワード

メールや，Webサイトにアクセスするときに利用するIDとパスワードの組は，情報資産を管理する上で，重要である。

このとき注意すべきなのは，パソコン・スマートフォン・Webサイトごとに異なるパスワードを使用することである。現実に，同一のパスワードを多数の機器やWebサイトに設定したひとが，一箇所のサイトでパスワードを知られてしまったあと，他のたくさんのサイトも見られてしまったという事件が発生している。

また，「パスワードを，ひんぱんに変えるほうがよい」と言われることがあるが，実際に調査を行うと，パスワードをひんぱんに変える人は，同一パスワードをあちこちで使う傾向が大きいことが，統計的にわかっている。現在の調査・研究の結果から，パスワードは，なるべく長いものが安全性が高いことがわかっている。

【設定例】

・パスワードを設定するときに自分の部屋を思い浮かべる。

・そこには，入り口から順に「時計」「カレンダー」「ラジオ」が並んでおいてあった。

・それをヒントに，TokeiCalendarRadioという元の単語を作り，それを，1Tokei-2Calendar-3Radioのように加工して設定する。

こういうものでなくても，中学校のときの担任の名字や，自分が好きな食べ物でも，雑誌でも，あるいは幼い頃の思い出で確実に覚えているものでも，なんでもよいが，長めにするとよい。

【保管】

設定したパスワードを忘れないようにするには，先の例であれば，自室の写真を撮影し，その写真ファイルの名前を，「Aショッピングサイト」などように付けておき，普段からすぐに確認することができるフォルダに保存する。

あるいは，紙に「Bメールで，田中先生と，佐藤先生と，あとひとり」と書いて，財布に入れておけばよい。あとひとりは，実名を書かなくても思い出せるはずである。

いずれも，他人が見ただけではなんのことがわからないようにしておくことが重要である。

【二段階認証】

最近は，パスワードでログインしようとすると，一時的な文字列（あいことば）が，あらかじめ設定したメールアドレスや，スマートフォンのメッセージで届き，それを入力することでログインが完了することもある。これは，二段階認証と呼ばれる，より安全性が高い方法である。

（2）ハードウェア

まず，自分が利用している情報機器を把握していることが必要になる。例えば，パソコンを例にすると，次の状況を考えることができる。

・個人用と仕事用を分ける。

・家族とパソコンを共有している。

・職場で，他の従業員が利用するパソコンを管理する。

・古くなったパソコンを，買い換える。

自分が管理する必要があるパソコンには，どのようなものがあるのかを把握できていないと，実際には紛失してしまったとしても，紛失に気がつない可能性ある。管理対象となるハードウェアは，パソコンだけではない。

以下に，管理対象にするハードウェアとして，主なものを列挙する。

・データや，設定情報を保持してるもの

・パソコン（サーバなどを含む），タブレット，スマートフォン

・外付けハードディスク，USBメモリ，メモリカード
・Blu-ray，DVD，CD，フロッピーなどのディスク
・HUB，ルータ，無線LANアクセスポイント
・無停電電源装置
・データを保持していないが，必要性が高いもの
・キーボード，マウス，ディスプレイ
・各接続ケーブル，スピーカー，カメラ

これらの資産について，以下の各項目をはっきりさせておくと，より精密に管理をすることができる。

・入手した経緯（方法，購入店，予算）
・日常の利用者，利用場所（保管場所）
・将来の更新計画（あるいは，すでに破棄した，など）

（3）ソフトウェア

どのようなソフトウェアを利用しているかを把握し，セキュリティの問題が発生したときに対応できるようにしておくことが必要となる。

・広い意味でのOSには，Webブラウザやメモ帳（テキストエディタ）などの，標準ソフトウェアなども含まれている。
・アプリケーションソフトウェアには，オフィスソフトや，Webブラウザ，動画視聴ソフトなどがある。

そして，事故が発生した際には，原因を調べることと，復旧をするために以下の項目が必要となる。

a. プロダクトキー，シリアル番号など

有料のソフトウェアの中には，インストールを行ったあと，初めて使用（アクティベート）するときに，以下の例のようなキーや番号（数字・英字の列）が必要となることがある。

例：1A2B3－C4D5E－6F7G8－H9J0K
トラブルがあったあとに，ソフトウェアを再インストールする際に，必要となる。

b. 導入したソフトウェアのバージョンや，更新内容

・セキュリティの問題が発生したときに，原因を調べるため
・障害の前の環境を可能な限り再現する必要があるとき

なお，古いソフトウェアパッケージが，再インストールの際に必要となることもあるので，インストールが終わっても，すぐに破棄しないでおくことも，必要に応じて検討する。

（4）サービス

手持ちのハードウェア・ソフトウェアの他にも，どのサービスを利用しているかについても，把握をしておくべきである。

コンピュータやスマートフォンを，有線LAN，無線LANに接続する際に，企業などで多い固定IPアドレス方式の場合は設定情報が必要となる。また，DHCP（その場でIPアドレスを割り当てる方式）の場合でも，接続機器のメディア・アクセス・コントロール・アドレス（通称，「**MACアドレス**」）が必要となることがあるので，記録しておくほうがよい。

無線LANの場合は，WPAや，802.1Xで接続する際にパスワードが必要になることもある。

企業や自宅から外部のプロバイダに接続する際にも，設定情報やID，パスワードなどが必要となる。一度設定したら，設定値を必ず，どこかわかりやすく，かつ機密性を確保できるところに保存しておくことが必要となる。

4. リスク・マネジメント（危機管理）

情報セキュリティを考える上で，知っておくほうがよい考え方に，「リスク管理」がある。

（1）リスクとは

リスクとは，まだ発生していないが発生する可能性と被害想定の組み合わせが無視できないほど大きいものをいう。例えば，「今日設定したパスワードを，後日，忘れてしまう」は，現実に起こりうることであり，しかも，被害が発生するので，リスクである。

一方で，つぎの項目は，リスクとはみなされない。

・被害は非常に経緯（文字数が増えるので，ボールペンのインク消費が増える，程度）
・発生する可能性が非常に低い（隕石に衝突する，など）

そして，実際に発生してしまったことは，リスクと言わずに，事故（**インシデント**）という。

情報セキュリティの観点では，以下の項目が重要となる。

・（回避努力）事故が発生しないように，事故がどのような仕組みで発生するのかを知って，そして，発生しないような対策を行っておく。
・（事前準備）事故が発生してしまったときに備えて，事故前に準備しておくこと。
・（事故対応）事故中に，対応する拡大防止と回復作業をする。
・（事後処理）事故後に，再発防止・再発時の対応強化のために，それまでの対策を再検討する。

事前準備は，自動車で言えばシートベルトやエアバッグ，そして損害保険に相当する。事故対応は警察などへの連絡，事後処理は運転方法の反省・改良となる。事故が発生しないように努力をしても，発生してしまうことがあるかもしれない。そのことを想定して考えておくことが，リスク管理となる。

（2）情報セキュリティでのリスク管理の例

以下では，具体的な例を述べる。同様のリスクは，他にもたくさん考えられる。

- パスワードが他人に知られてしまい，勝手にログインされて，内容を見られてしまったり，金銭的被害を被る。
- USBメモリを紛失してしまい，重要な情報が欠落する。拾った人によって情報を拡散されてしまう。
- メールを，送りたかった相手とは違うところに送ってしまうことで情報が漏れたりトラブルになったりする。
- コンピュータウイルスに感染して，起動しなくなったり，ファイルが暗号化されて身代金を要求される。
- 新しいソフトウェアを入れたら古いファイルを読めなくなる。
- サポートが終了したソフトウェアを使い続けたため，アクセスできないWEBサイトに遭遇してしまう。
- 1枚だけ印刷すればいいのに，10枚印刷してしまう。
- 目的のプリンターとは異なるプリンターに印刷してしまう
- 水害や火災，経年劣化などでパソコンやケーブル，端子が機能しなくなる。

5. 言葉の定義，具体的なトラブルと対策

（1） コンピューターウイルスへの対策

コンピューターウイルスへの対策として，現実的なものとして，以下の項目が考えられる。

1. **アップデート**（パッチ）が発表されたら，すぐに適用させる。
   - ・OS（Windows，macOS，iOS，Androidなど）
   - ・Chrome，Firefoxなどの，OSと独立なWebブラウザ
   - ・AcrobatなどのPDF閲覧ソフト
   - ・メール閲覧用ソフト
   - ・その他，様々なソフトウェア

アップデート（パッチ）が発表されているかどうかは，Windowsの場合は「Windows Update」の設定を行なっておくことで自動的に対応できる。また，Windwos 10では，いくつかのソフトウェアの脆弱性情報を常にチェックしており，必要な作業を自動で行なうことができるようになっている[2)]。

2. **アンチウイルス（ウイルス対策ソフト）**を導入しておく。Windows 10なら「Windowsセキュリティ」（旧名「Windows Defender」）を有効にする。Windows 8ならアンチウィルスを購入する。macOSの場合はOSに付いているので不要となる。また，アンチウイルスの更新は定期的に行なっておく。
3. 送信元が不明なメールは，すぐに開かない。メールのタイトルや送信者をWeb検索で調べ，著名なコンピューターウイルスでないかどうかを，しばらく（数日）の間，調査する。問題がないようであれば，アンチウイルスソフトで最終チェックをしてから開封する。
4. 新たにソフトウェアを導入する際は，入手してすぐに導入せず，ま

2）　OSXでも同様である

ずは，ソフトウェアの名前・バージョンをWeb検索で調査し，有害なものでないかどうかを調べておく。

5. パソコンやWebサイトへのログインパスワードは，複雑なものにしておく。また，複数のWebサイトに，同じパスワードを利用しない。サイトごとにパスワードを変更するようにする。
6. 空港やホテルなどの公共の場所に置かれ，管理されていないまま運用されているパソコンでは，パスワードの入力が必要となる行為を行なわない。また，USBメモリを装着しない。
7. コンピューターのパーソナル・ファイヤウォールを有効にしておく。Windows 10の場合は，OSに標準でついているWindowsセキュリティ（旧名「Windows Defender」）のファイアウォールを有効にする。Windows 8の場合は有償のアンチウィルスにこの機能がある。mac OSにも，OS標準でファイアウォール機能がある
8. 「電池長持ちアプリ」「秘密の動画を閲覧できる動画プレイヤー」などのソフトウェアの中には，実際はコンピューターウイルスであったというものが多く報告されている。導入する前には，必ず，Web検索などを利用して調査しておく。また，本来は問題がないアプリでも，コンピューターウイルスを内部に含むように改造されたものもある。このようなアプリのファイルは，オリジナル（正規）のものとファイルサイズなどが異なっているので，必ず調査しておく。

なお，Webブラウザ，メール送受信用のソフト，そしてアンチウイルスの中には，「実はコンピューターウイルスだが，最初は，そのように見えないように動作する」ものもある。特に，「コンピューターウイルス対策のためにアンチウイルスを導入したつもりだったのに，実はそれがコンピューターウイルスであった」という事例は，2002年頃から報告が続いているため，注意が必要である。

（2） フィッシング詐欺対策

コンピューターの脆弱性を利用せずに，人間の錯誤を利用した犯罪もある。フィッシング（phishing）とは，十分に洗練された（sophisticated）「魚を釣る（fishing）」方法を語源に持つ，「有名なWebサイトにそっくりなサイトに誘導し，情報を盗む方法」のことである。特に，大手の銀行やショッピングサイトの詐欺サイトで，ログインパスワードやクレジットカード番号が盗まれ，悪用される被害が発生している。

フィッシング詐欺対策として有効なのは，以下の項目である。

1. 大前提として，OSやソフトウェアは，すべて最新のアップデート（パッチ）を適用させておく。
2. アクセスしたいサイトの正しいリンクをあらかじめ調べておく。ブックマークに登録しておくのもよい。
3. メールで届いた本文のリンクをそのまま開いてログインしない。メールで通知が届いた際は，ブックマークからファイルを開くようにする。
4. 「システムが変更になりました。以前のパスワードと新しいパスワードを入力して下さい」のようなメールが届いた場合は，Web検索などで数日間は調査し，悪質なものでないかどうかを自分で判断する。場合によっては，送信者に，自ら直接対面，あるいは電話などで，メール送付の有無を確認することも有用である。
5. 通信する際には，URLが（自分がつなごうとしたサイトに対して）正しいかどうかを確認するようにする。
6. HTTPSという通信方法を利用しているかどうかを確認する。一般にブラウザの画面に「錠前」のマークが表示されていると，HTTPSでの通信を行なっていることがわかる。HTTPを利用している状況でURLが不正（偽装）されていると，クレジットカード番号の送付の際にエラーが発生する。
7. Webであちこちを見ていると，突然，「おめでとうございます。スマートフォンが当たりました。」や「あなたのパソコンはウイルスに感染しています。」などと表示されることがある。このようなページは，ほとんどが詐欺なので，落ち着いてページを閉じて，忘れるのがよい。気になる場合は，特徴的な単語で検索して調べる。

(3) 情報漏洩対策

パソコンや，スマートフォンなどから情報が漏洩する事件は，頻繁に発生している。漏洩が発生しないようにするためにできることを紹介しておく。

1. 大前提として，OSやソフトウェアは，すべて最新のアップデート(パッチ) を適用させておく。
2. パソコンには必ずログインIDとパスワードを設定しておく。また，スマートフォンは，必ず画面ロックが自動で行なわれるようにしておく。
3. 個人情報や重要な知的財産が含まれたファイルを保存する際には，暗号化の処理を行なっておく。
   - オフィスアプリで作られた文書の場合は，初回の保存の際に（2回目以降でも，名前をつけて保存を選ぶと必ず出てくる)，オプション→全般からパスワードの設定が可能である。
   - それ以外のファイルの場合は，暗号化ZIPファイルを作成するフリーソフト（Lhaplusなど）をあらかじめインストールし，利用する。
4. クラウドストレージ（DropboxやOneDrive，GoogleDrive）などにファイルを置いたり，ファイルをメールに添付して送信する際には，前ページ3. の暗号化の処理を行なっておく。

5. パスワードを他人に聞かれても，絶対に答えてはいけない。たとえ，システム管理者[3]に聞かれた場合でも答えてはいけない。
6. 無線LAN（Wi-Fi）を利用する際は，通信の暗号化が行なわれる方式を利用する。昔は「WEP」という方法が主流であったが，WEPはすでに解読が簡単にできることが証明されていて，対策として有効でない。本書執筆時点では，WPA2方式が，最も推奨される。
7. 古くなったり故障したコンピューターなどを廃棄する前に，HDDなどに記録されたデータを完全に消去できるツールを利用しておく。

（4） コンピューターウイルス

コンピューターウイルスとは，コンピューター上で動作するプログラムの一種である。「**ワーム**」（虫）や，「**マルウェア**」（「悪いソフトウェア」の意味）と呼ばれることもある[4]。

誰が，何のために（動機）： ほとんどの場合，犯罪者が，金銭や，脅迫，あるいは政治的な主張が目的として作成する。以前は，技術的に優れた能力を持つ人が「自分の技術力の高さを誇るため」に作成することもあったが，インターネットの商業利用が進んでからは，そのようなことはほとんどなくなった。

誰に向けて： 通常は，一般の利用者である。まれに，「**標的型攻撃**」と呼ばれる，特定の組織や特定の人のみを対象としたコンピューターウイルスが作られるときがある。

いつ： 日付や時間は関係ない。なお，**脆弱性**（ぜいじゃくせい）（後述）が明らかになると，その「既知の脆弱性」を利用したコンピューターウイルスを作る人が，世界中に多数存在する。

---

3) システム管理者であれば，通常の管理上必要な作業に，利用者のパスワードを知ることは不要である。したがって，パスワードを聞かれたら，聞いた人は犯罪者であると断定して，ほぼ間違いない。

4) 正確には，これらの特徴は分類されているが，ここでは一括して述べている。

どのように感染するか：OS，ウェブブラウザ，プラグイン，PDFビューアなどのソフトウェアの脆弱性を利用して感染する。インターネットに接続されている場合は，Web閲覧や，メールの開封（特に添付ファイルの開封）が多い。インターネットに接続していなくても，USBメモリを経由して感染することもある。

（5） 脆弱性

コンピューターで利用されているハードウェアやソフトウェアは，膨大な量のプログラムから作られている。また，プログラム同士が情報・データを交換する際の手順の規格も，膨大な量であり，制作者が全体を把握できないことが多い。そのため，これらの中には，異常な動作を防止する機能が欠けていることがある。このようなソフトウェアを，脆弱性を持つと呼んで区別する。

脆弱性は，以下のような手順で明らかになっている。

1. 脆弱性は，コンピューターを業務でよく使用している人や，コンピューターの愛好家，そして，OS・ソフトウェアの製造者・作者によって発見される。発見された脆弱性は，OS・ソフトウェアのメーカー・制作者に伝えられる。発見されてすぐにメーカー・制作者に伝えられた場合は，対応するアップデート（パッチ）が作成されてから公表されるが，例外もある（後述）。
2. メーカーや制作者などから脆弱性とアップデート（パッチ）が公表されると，利用者は，コンピューターウイルスが自分のパソコン・スマートフォン・IoT機器[5)]などに到達する前に，急いでアップデート（パッチ）を適用しなければならない。
3. 脆弱性が公表されると，犯罪者は直ちに，その脆弱性を利用したコンピューターウイルスを作成して拡散しはじめる。その方法は多様で

5） ネットワークプリンタや，HDDレコーダーなど，インターネットに接続可能な家電製品や自動車など。

あり，予想ができない方法を採ることもある。したがって，アップデート（パッチ）の迅速な適用が必要である。

まれに，OS・ソフトウェアの製造者が認知していない脆弱性を利用したコンピューターウイルスが拡散されることがある。このような場合に**感染を完全に防ぐことは不可能である。**

特に，政府機関・政治家・経営者などの特定の人に向けて送付される電子メールを利用して，ウイルスがばらまかれることが多く，このような行為を「標的型攻撃」[6)] という[7)]。

参考文献

[1]『キーワードで学ぶ最新情報トピックス 2020』：久野靖，佐藤義弘，辰己丈夫，中野由章，（日経BP），2020年，ISBN：978-4-8222-9240-9
[2]『情報セキュリティと情報倫理』：山田恒夫，辰己丈夫，村田育也，中西通雄，布施泉（放送大学教育振興会），2018年，ISBN：978-4-595-31897-9 (2018)
[3]『IT Textネットワークセキュリティ』：菊池浩明・上原哲太郎（オーム社），2017年，ISBN：978-4-274-21989-4

6） 2015年に話題になった，日本年金機構からの大量の個人情報漏洩事故は，この標的型攻撃によるものであった。

7） 標的型攻撃への対策としては，例えば，「メールに添付されたファイルを開く際には，到着してから数日（一定の期間）をおいて，新しいコンピューターウイルスが広がっているというニュースが出てないかを確認してから開く」という方法が効果をもつこともあるが，絶対ではない。

演習問題

【問題】

1. 身近に使われているものと，インターネットの関係を考えよ。例えば，ラーメン店とインターネット，自動車とインターネット，音楽とインターネット，行政とインターネット，教育とインターネットなど。
2. 自分が管理しているパソコンやタブレット，スマートフォンを列挙し，それぞれにインストールされているOSやアプリ，ウイルス対策としてどのようなことをしているかを，表にまとめて，アセット管理をしなさい。

解答

1. ありうる例を，示す。

・ラーメン店とインターネット；ラーメン店は口コミで客を集める。仕入先にインターネットショッピングで注文する。インターネットのアルバイト募集サイトを利用する。法人税をネットをつかって申告する。

・自動車とインターネット：カーナビのデータをインターネット経由で入手する。安いガソリン店をインターネットの情報で知る。自動車メーカーはインターネット広告を利用する。運転手のスマートフォンの位置情報を集めると，渋滞発生箇所や通行不可地点がわかる。

・音楽とインターネット：音楽や動画サイトで広告を出す。SNSでファンと交流する。音楽家同士がWEBの掲示板やサイトをつかって知り合う。

・行政とインターネット：役所が市民に向けてWEBサイトで情報を告知する。市民が各種申請を，ネットで行う。
・教育とインターネット：学校が宣伝や学生への告知に使う。オンラインで学ぶ。履修科目を登録する。

2．略。

6 情報倫理とSNSでの振る舞い

辰己　丈夫

《ポイント》 インターネットを利用して情報をやり取りする場合や学術発表を行う場合，いわゆる「情報倫理」と呼ばれる知識，すなわち，著作権や個人情報の正しい取り扱いが必要となる。また，特にSNSなどを利用した情報交換を行うときには，トラブルが起きやすい事例や，フェイクニュースなどの偽情報にだまされないようにすることも必要である。ここでは，情報倫理と，適切な振る舞いについて述べる。
《学習目標》 (1) ソーシャル・ネットワーク・サービス（SNS）の成り立ちについて理解し，他人に説明できる。
(2) SNSで，他人に迷惑をかける行為とは何かを把握できる。
(3) SNSを学習に役立てることができる。
《キーワード》 情報倫理，ソーシャル・ネットワーク・サービス（SNS），著作権

1. 情報倫理の基本的な考え方

(1) 情報倫理と道徳

「情報社会において適切に振る舞いたい」というのは，ほとんどの人が考えていることであるが，この「適切な振る舞い」とは，どのような行為であるかを決めることは簡単でない。たとえば，「善いこと」であっても，法に触れてしまうこともある。長い目で見ればいい事であっても，短期的には悪いことになる可能性もある。このような問題は，**規範倫理学**で取り扱われる。

ここでは，次のように言葉を決めて，考えることにする。

・倫理：その社会（国，民族，地域社会，学校や会社などの組織）の内部で，「メンバーは守るべき」とされている内容。例えば，憲法，法律，条例などや，社員規則，校則，地域のローカルルールなどもある。

・道徳：二人の人間の間で交わされる約束や，他人を思いやるために行おうとすること。例えば，約束，義務，徳，人望，献身など。

情報社会における適切な振る舞いを考えるために，倫理と道徳の観点から検討してみよう。

2. 倫理（著作権と個人情報）

ここで，情報発信に関わる問題として，著作権と個人情報について簡単に触れる。

（1） 遠隔学習と著作権

著作権は，次のように考えることが必要である。

1. 最初は，その文章や絵・図・彫刻・音楽・プログラムなどを作成した著作者が持つ。この時点では，著作権者は，著作者である。
2. 著作権者は，複製権を他人に使用させ対価を得ることができる。
3. 著作権を譲渡することもできる。譲渡すると，著作者は，著作権者ではなくなる。（買い戻すこともできる。）

そして，遠隔学習における著作権を絞って考えると，次の点が問題として考えられる。

・自分が入手した著作物は，適切な方法で入手したものか。

・自分が作った論文や制作物の著作権は，自分が保持するのが適切か。現在，多くの学会が著作権を学会に委譲することを求めている。これは，論文や研究発表の著作権の問い合わせを学会が代行するために，最も簡単な方法である。

なお，複製や展示に関する著作権だけでなく，以下の３つの**著作者人格権**についても考えておくことが重要である。

1. **「公表権」**：著作物を公表するかどうかを決める権利。いったん公表されると消滅する。
2. **「氏名表示権」**：著作物の作者名を制御する権利。
3. **「同一性保持権」**：著作物の改変について制御する権利。

現在は，このような著作権概念の他に，**クリエイティブコモンズ**（Creative Commons）の考え方も普及しつつある。（詳しいことは，参考文献などで学習するとよい。）

（２） 遠隔学習と個人情報

近年，プライバシ意識の高まりをうけて，個人情報に関する法令が整備された。

遠隔学習における個人情報の取り扱いについては，次の点について留意しておくことが重要である。特に，アンケートやインタビューの際に重要である。

1. 個人情報を取得（入手）する前に，本人に取得することを伝える。（**使用目的の明示**をする。）
2. 入手した個人情報を保存する際には，不要な情報は削除して置き，必要な情報のみを保存する。（**用途の厳格化**）
3. 本人からの利用拒否通知があった際に，使用を止める。（**適切に管理を行なう。**）

なお，ある目的のために入手した個人情報は，本人への再確認（再同意）なしには，他の目的や，第三者への提供はできない。そのため，入手の際に使用目的と用途を明示する際には，十分な注意が必要となる。

特に，心理的な内容を含むインタビューやアンケートを行なう際は，事前に，所属機関の倫理委員会に，その方法の審査を受け，許諾を得ておく。

3. 情報倫理の必要性

（1） 指針の空白

情報の不正な利用への対策として，前節でリスク・マネジメントについて述べたが，そもそも，コンピューターやインターネットを利用する人が，情報インフラを適切に利用する際のマナーや法律などを学習しておき，それにしたがっていれば，事件・事故は発生しないはずである，という考え方がある。これは，利用者に適切な教育により統制することで，トラブルを防ぐという考え方でもある。

だが，コンピューターやネットワークは日々，技術的に進化しており，また，新しいサービスも続々と始まっている。そのような状況はルールが無い世界であり，参加者は，今まで誰も考えたことがないルールを自ら考える必要が生じる。このような状況のことを，倫理学者であるMoor Jamesは，1985年に「指針の空白」と呼んだ。私たちは，指針の空白に直面しながら，コンピューターやネットワークを利用しなければならない。指針の空白期間，つまり，法・ルールが整備されていない期間では，多くの人は，自分の価値判断で行動をする。それは，既に述べた定義で言えば，自分の道徳観を頼りにして，行動をするということになる。しかし，道徳観は人それぞれ。ある人が善いと考える行為でも，他の人が善いと考えるかどうかはわからない。

確実に言えることとして，道徳観の前提となる金銭的リスク評価は，人によって大きく異なることではなく，同意を得やすい。例えば，ある人が1,000円の本とみなしている本は，他の人でも1,000円の本である。そこで，ルールがない状況では，可能なら金額がはっきりしたリスク管理を前提として行動することが，最もトラブルが少なくなる。しかし，そもそもリスク管理になじまない，感情や義理の問題などが入ってくると，トラブル回避は簡単でなくなる。

（2） ジレンマ

現代の社会では，私たちは，いろいろなことを「重要」「大事」「大切」「目的」として生活している。だが，それらのすべてを満たすことはできない。どれかを満たそうとすると，どれかはあきらめなければいけなくなる。例えば，2つの項目のどれか片方を満たすともう片方を満たせないときを，「ジレンマ」（二律排反）や，「**トレードオフ**」と呼ぶことがある。情報社会の場合は，以下の問題がしばしば扱われる。

1. **著作権に関するジレンマ**：お金がないが著作物を複製して配布したい，という状況。例えば，経済的に困難な状況で学習用の教材が必要である，という状況や，大規模災害時にテレビ放送をそのままインターネットで視聴可能なように，一般利用者がストリーミングを始めてしまうという状況。
2. **知的所有権に関するジレンマ**：特許で守られた難病の特効薬を，発展途上国，特に貧しい人が多い国で，特許を無視して製造し，患者に配布（販売）するという状況。
3. **個人情報・プライバシーに関するジレンマ**：取得した情報機器の解析のためには，何らかの方法でログインと同等の権限が必要となるが，それは不正アクセス行為と認定されてしまうため，情報機器の解析ができないという状況。特に，遺失物のスマートフォンの持ち主探しや，犯罪者・テロリストの情報流通の解析などの状況で発生する。
4. **情報の正確性に関するジレンマ**：期待した実験データを得られない

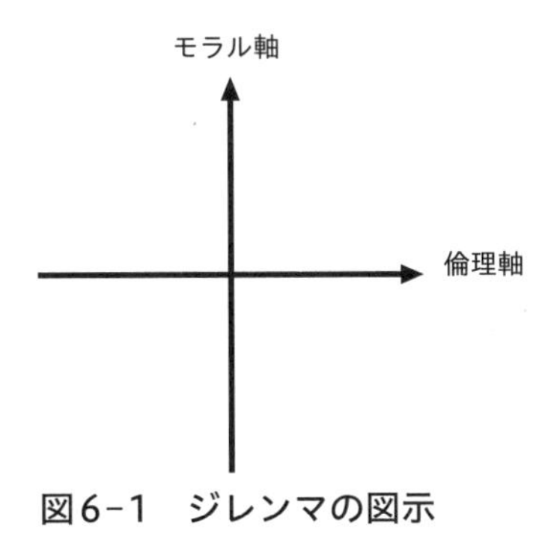

図6-1　ジレンマの図示

ときに，「このようなデータが出るはずである」という憶測のもとに，研究機関や自らの地位・家族を守るために，データ改ざん・捏造をするという状況。

利用者からみた情報倫理の問題の多くは，上記のようなジレンマが，コンピューターやネットワークの上で発生した場合である。

本節の最後に，ジレンマを図示して考える方法について述べる。次の図6-1は，筆者が用いている図の一例である。ここでは，倫理とモラルがジレンマを起こすときを説明する際に用いられる。

上下はモラル軸であり，個人同士の約束や，人命尊重などの「善か悪か」を表す。一方で，左右は倫理軸であり，規範・法令・ルールなどの「罪か，罪でないか」を表す。

例えば，違法な行為（罪）であっても，人間の命を守るために必要な行為（善）は，図の左上に位置する。一方で，合法（罪でない）であっても，多くの人を裏切る行為（悪）は，図の右下に位置する。（なお，図の右上は「善であり罪でない」，図の左下は「悪であり罪」となる。）

4. ソーシャル・ネットワーク・サービス（SNS）

（1） SNSとは

Webを利用した情報交換には，様々な方式が考案され，実際に利用されているが，その中でも，本章で述べるソーシャル・ネットワーク・サービス（以下，SNSと略す）は，現在のインターネットでの，個人同士の情報交換で，非常によく用いられている方法である。

SNSとは，次のような特徴を持つシステム[1]である。

1. 文章や，写真，位置情報などを投稿できる。
2. 自分が投稿した内容を閲覧する人を，自分で設定できる。また，特定の人からは閲覧できないようにするブロック機能を持っていることもある。
3. Webブラウザやスマートフォンのアプリを利用して，簡単に閲覧したり，書き込んだりすることが可能である。
4. 投稿内容を評価することができる。（Likeや「いいね！」など。）
5. ある特定の趣味や目的を持った人のみが参加可能なコミュニティ（趣味のグループ）を設定することができる。
6. 個人同士で，メールに似た**トーク**（あるいは，**メッセンジャー**などの名称）が可能である。**グループトーク**をできることもある。
7. ログインをしないと内部を見ることができない（公開されていない）

（2） SNS以外の情報共有サービス

SNSに近いが，SNSの特徴をいくつも満たしていないサービスもまた，情報共有のしくみとして利用されている。例えば，写真共有に特化したサイトや，料理店の情報を共有することに特化したサイトがある。さらに，個人の短文による「**チャット**（文字による通話）」に特化したサ

1） ただし，ここに挙げた特徴はすべてのSNSに共通するものではない。SNSによっては，いくつかを満たしていないこともある。

イトも構築されている。

（3）　代表的なSNSと情報共有サービス

本書を執筆している時点で代表的なSNSは，以下の通りである。

1. Facebook：アメリカで始まったSNSの一種。
2. twitter：短文投稿を目的としたblogの一種であるが，SNSとして捉えることも可能である。
3. mixi：日本でサービスを開始したSNS

わが国発のSNSであるmixiにも多数の登録ユーザがいるものの，そのほとんどが，日本語を母国語とする人である。アメリカ発のFacebookやtwitterが世界中に広がっていることとは対照的である。

上記のような，目的に一般性があるSNSの他に，以下のように特定の目的に特化した情報共有サービスも知られている。

1. 写真・動画
   - Instagram：SNSの一種である，写真投稿を主な目的としたサービス。
   - ニコニコ動画：投稿された動画に対して，利用者が時刻を指定してコメントをつけることができる。
   - Youtube：世界中で利用されている動画投稿サイト。歌手や演奏家，芸術家などの作品発表の場にもなっている。
2. 知恵袋，相談，質問サイト：いずれも，利用者が質問を行ない，それに他の人が回答をするという手順で進む。
   - ヤフー知恵袋
   - OKwave
   - 発言小町
3. 料理・旅行関係

・食べログ：料理店への訪問・評価に特化した情報共有サービス。
・Yelp：料理店や名所などの観光地への訪問・評価に特化した情報共有サービス。
・クックパッド：レシピ（料理の作り方）に特化した情報共有サービス。

4. 文字チャット
・LINE
・カカオトーク

（4） SNSの歴史

現在のようなWebを前提としたSNSがサービスを始める前は，次のシステムが，SNSと同等の機能を持ち，利用されていた。

パソコン通信：モデムと呼ばれる装置をコンピューターにつなぎ，モデム同士を電話回線でつなぐことで，結果としてパソコンとホストコンピューターがつながった。そしてこれらを利用してSNSと同等のしくみを達成したシステムだった。代表的なパソコン通信事業者としては，以下のものがあった。

・PC-VAN（現在は，ビッグローブとして営業）
・NIFTY-Serve（現在は，@niftyとして営業）
・アスキーネット（すでに廃止）
・日経MIX（すでに廃止）
・CompuServe（アメリカで営業していた）

また，上記のような大手パソコン通信事業者の他に，個人が自宅にパソコンを設置して情報交換を行なう，「草の根パソコン通信」と呼ばれていたしくみもあった。草の根パソコン通信の中には，FirstClassという名前のホストプログラムで運用されていたホストもあり，当時のわが国の「100校プロジェクト」などで利用されていた。

Usenet：主に，Unixという名称のOSの利用者同士で使われている，P2Pモデルに基づいた情報交換システム。「ネットニュース」とも呼ばれる。わが国では，fjと呼ばれる[2)] ニュースグループ群が代表的である。本書執筆時点でも運営自体は存続しているが，利用者は激減している。

Web掲示板：1997年頃から利用が活発となった。当初は，多くの掲示板が匿名で書き込めるようになっていたため，誹謗中傷などの問題が発生した場合，対応をとることが容易ではなかった。1999年頃からは，「2ちゃんねる」という名称の大規模なWeb掲示板の運用が始まっている。その後は，2ちゃんねると同様のしくみをもったWeb掲示板が普及した。また，blogのコメント機能を活用して，Web掲示板のように利用している例も見られる。

まとめサイト：2ちゃんねるなどで書き込まれた情報は，あまりにも膨大であるため，どこで，どのような話題で活発に発言されているのか，一般の利用者は把握しにくい。そこで，2006年頃から，これらの書き込みを再構成し，まとめ直して掲示する「まとめサイト」と呼ばれるblog形式のコンテンツが普及をしはじめた。現在のまとめサイトは，2ちゃんねるのような掲示板のみならず，大手メディアのニュースサイトや，ツイッターなどの情報も含めたものを「まとめて」掲示し，読みやすく構成されるようになっている。そのため，まとめサイトしか見ないという人も少なくない。

ところで，SNSや，その他の情報サイトの多くは，利用者に無料でサービスを提供している。多くの場合は，その提供画面に広告を入れ，その広告収入でサイト運営が行なわれている。また，一部の事業者は，

2）　From Japanの略

個人向けには保存容量を制限して無料で提供しつつ，法人向けには，大容量のデータ保存量を備えた社内専用SNSサービスなどを販売して，収入を得ているところもある。

5. コミュニティと学び

SNSは，利用者同士が作る「社会」を特徴としている。その社会は，「コミュニティ」や「グループ」と呼ばれている。例えば，特定の国への旅行が好きな人が作るグループや，特定のミュージシャンのファンの人達がつくるコミュニティなどがある。同様に，特定の学校の学生がつくるコミュニティもある。そこでは，授業の受け方や，学習方法について掲示板で議論したり，教えあったりすることが可能である。

(1) OCW／MOOC

OCWとは，一般名詞としては「公開された教材（Open Cource Ware)」の略である。固有名詞としては，「オープンコースウェア協議会」に加盟した学校などの団体によって公開されている教材のことを指す。放送大学も，OCW教材としていくつかの教材を提供している。

一方，**MOOC**とは，「大規模で開かれたオンライン授業科目（Massive Open Online Courses)」の略である。2010年頃から急速に利用者が増えてきている。世界中で多くの大学などがMOOCを使って授業を公開している。また，日本では，JMOOCという団体が設立され，多くの大学の教員らが，MOOCのための特別に授業を収録して公開している。

(2) 放送大学におけるSNSと学び

放送大学では，次の方法で授業をインターネットで提供したり，SNS

を活用した学びを提供している。

システムWAKABA：大学が公式に運営する履修管理システムである。各種申請や書類交付の他に，教員への質問を行なうことも可能となっている。

OCW：OCWのしくみを用いて，授業の一部をネットで公開している。

JMOOC：放送大学はJMOOCに加盟し，授業の一部を公開し，さらに，その学習者に対して電子教材（PDFファイルなど）と，「実力確認テスト」を受験するのしくみを提供している。このテストに合格すると，修了証が発行される。（この修了証は，放送大学の単位とは認定されない。）

Facebookグループ：放送大学の学生らや，教員がが自主的に作ったFacebookグループがいくつか存在する。

・放送大学バーチャルキャンパス

Facebookの「放送大学バーチャルキャンパス」というグループでは，様々な議論などが行なわれており，実際のキャンパスと同じように機能する「バーチャルキャンパス」として機能している。放送大学バーチャルキャンパスでの議論の典型例を，いくつか紹介する。

・履修相談：どんな授業を履修するべきか，その前にどんなことを知っておくとよいのか。

・履修計画の相談：卒業（あるいは大学院の修了）までに，どれくらいの単位数を取るべきか。

・面接授業の具体的な内容。

・放送授業で紹介された書籍や施設などの状況や，訪問方法など。

・学習センターでのサークル活動。

・編入に関する状況。

・学生の日常生活関係（仕事との両立や，家族の話題，趣味の話）

このように，SNSを利用して，学生同士が共に語らい，共に学び，履修内容についての疑問を質問したり，履修計画や，学位認定について先輩から後輩に情報伝達が行なわれている。

6. SNSにおけるトラブルと対策

SNSは，実際の社会活動と同等の役割を果たすネットワークである。したがって，実社会と同様に，参加者同士でのトラブルが発生することがある。

この手のトラブルを防ぐために，「SNS特有の理由」「SNS特有の対策」も，いくつか考えられるが，まず最初に大事なことは，SNSだからこそ発生するトラブルは意外に少ない，ということである。つまり，日常生活で生じるトラブルへの対応・対策を普通に考えておけば，SNSでのトラブルも未然に防ぐことができる。

ここでは，SNSで発生することが多いトラブルのいくつかを取り上げ，その背景と，対応，及び防止策について述べておく。

（1）「常識」に関するトラブル

SNSの掲示板などで議論をしている人同士は，お互い，異なる環境で育ち，異なる仕事をしている。宗教観が違う人もいる。さらに，場合によっては気温の違いや，季節の違い，あるいは時刻の違い（時差がある），また，言語や国の体制の違いなどがあるかもしれない。このような人同士がSNSを利用している以上，自分が「常識」と思っていることが，相手に通用しないということでトラブルが発生する場合がある。例えば，以下のような場合である。

・ある人は，質問のメールを受け取ったら，まずは受領通知をすぐに返信するのが常識だと思っているが，別の人は，回答ができてもいないのに，返信するのは失礼だと思っている。

・ある人は，ファイルを添付する際は，100 kバイト程度が上限だと思っているが，別の人は，30Mバイト[3] 程度でも，場合によっては送ってもよいと思っている。

・ある人は，お金に困っている人のために，本のコピーをさせてあげてもいいと思っているが，別の人は，著作権法の考え方に照らし合わせて，本のコピーは駄目だと思っている。

このような違いは，それぞれの人が持つ社会や倫理観の違いがもとで生じるが，それが原因で，ある行為を罰するべきと思うか，許容範囲内であると思うかが異なってくる。

ここで，トラブルが発生しないようにするために重要なことは，自分と異なる環境で生まれ育った人がたくさんいるということを知ることと，特にそれが，SNSでは身近な存在であるということを知ることである。

また，お互いがどの程度のことを常識と思っているかについて，行動を起こす前に確認することも有用である。

(2) 言葉の「丁寧さ」に関するトラブル

これは，上記の「常識」に関するトラブルに類似しているが，様々な背景をもつ利用者同士では，同じ言葉を母国語とする場合でも，言葉の「ていねいさ」をどの程度重視するか，また，丁寧な言葉使いはどういうものかが異なることがある。このことを意識していないと，相手の発言が雑に聞こえたり，不謹慎だと思ったりしてしまうことがあるだろう。特に，敬語の使い方について，トラブルになることが多い。

このようなトラブルを防ぐためには，利用者は少々の雑な発言を気に

3)　30M ÷ 100 k = 300より，300倍である。

せず，そして，自らは最大限に丁寧な言葉を使って模範を示すことが，知的な議論を進めるうえで有用となる。

(3) 「約束」に関するトラブル

複数の人間同士が，「約束」をうまく取り扱えないときに，トラブルが発生することがある。例えば，以下のような場合が想定される。

・AさんはBさんと約束をしたと認識していたが，BさんはAさんと約束をしていないと認識している。
・AさんがBさんと約束したと思っている内容が，BさんがAさんと約束したと思っている内容と異なる。
・AさんがBさんとした約束を果たすと，AさんがCさんとした約束が果たされなくなる。(二重約束)

最初の2つの場合は，約束を明文化しておき，文字（メールや書類）などで相互確認をしておくことで，トラブルが起きにくくなる。最後の場合は，「ダブルブッキング」が代表例である。これは，行なってはならないことなので，そのような状態にならないように細心の注意を払うべきである。万が一，そのような状態になった場合は，関係者に連絡をして調整を行なうことが必要となる。

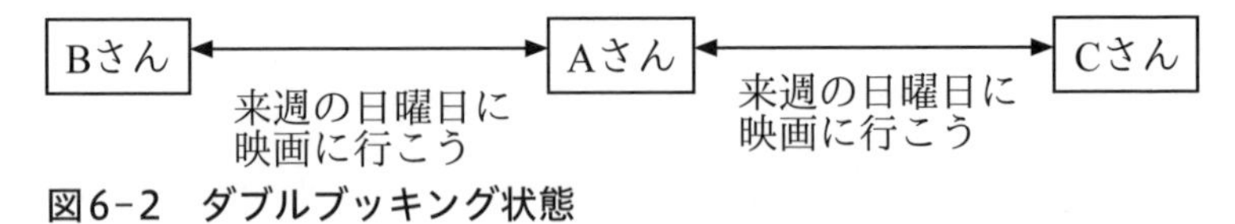

図6-2　ダブルブッキング状態

(4) 法律を知らないことで生じるトラブル

わが国をはじめとする，ほとんどの法治国家では，「法律を知らなかった」ということが犯罪を免れる条件にはならない。したがって，

SNSで行なわれる行為もまた，利用者が関連する法律を知っているという前提が必要となる。利用者同士が，同じように法令を理解していれば，大きな問題は起こらないが，利用者の中に特に法令について無知な人がいたり，あるいは，過剰反応をする人がいたりすると，SNSでの議論が活発に行なわれないことがある。

（5）「議論の内容」よりも「議論をすること」を楽しむ利用者

利用者がSNSに期待していることは，通常はテーマに沿った議論を通してテーマに対する理解を深めたり，新たな知識を得たりすることであるが，中には，そのような目的ではなく，単に議論をすることが目的であるという利用者も存在する。利用目的が異なる利用者同士の議論は，あまり深まることがないので，利用者相互でのトラブルにつながることが多い。

7．学習と情報技術

知らないことを学び，知識や技能ができるようになることが，教育の目的である。

教育活動には，「教える」という教師の活動と，「学ぶ」という生徒・学生の活動がある。教育学の研究成果では，人間は，自ら疑問に思って調べていって学んだことは理解が深く忘れにくいのに対し，必要もないのに覚えさせられたことはすぐに忘れてしまうということがわかっている。教育・学習活動が，その人の将来のために行なわれる活動であるならば，学んだことをすぐに忘れてしまわないように学習をするのがよく，したがって，単に試験を通過するために覚えるだけの学習ではなく，その後も応用できるような知識を学ぶことが学習の理想的な姿であろう。

また，主に学校で行なわれる教育活動は，特定の企業の製品のための教育ではなく，卒業後，長く活用できる基本的な知識が多く取り上げられる。

一方で，企業が行なう教育活動は，その企業での仕事をするために必要な情報伝達という側面を持っているため，学んだことはすぐに利用されるという特徴がある。また，その内容は商品やサービスの中身についての知識伝達が多く，社員が自ら考えて活動するための教養とは異なる。そのため，商品やサービスが頻繁に変わっても，店員や製造の担当者が対応できるようになる。

ソーシャル・ネットワークを利用した学びもまた，単なる知識伝達の学びではなく，理想的な学習の姿を目指して行なわれるようになりつつある。

参考文献

[1] 『キーワードで学ぶ最新情報トピックス 2020』：久野靖，佐藤義弘，辰己丈夫，中野由章（日経BP），2020 年，ISBN：978-4-8222-9240-9
[2] 『情報セキュリティと情報倫理』：山田恒夫，辰己丈夫，村田育也，中西通雄，布施泉（放送大学教育振興会），2018 年，ISBN：978-4-595-31897-9 1319a1611,1615
[3] 『情報倫理』：大谷卓史（みすず書房），2017 年，ISBN：978-4-622-08562-1

演習問題

【問題】

1. 情報社会において，ジレンマと思われる事例を探し，あるいは考案して，対立する2つの価値観（軸）は，どのようなものかを述べよ。
2. 権利者に許可を得ず，無料で著作物を利用できる方法について，著作権法第五款「著作権の制限（第三十条―第五十条）」を参照して，列挙せよ。
3. twitterなどのSNSを使って，「学習」「生涯学習」などのキーワードで検索を行い，様々な人が，いろいろな考え方で自分の意見を述べていることを確認せよ。また，これらの意見の広がりを探したり，多数意見を統計的に把握する方法について，調査せよ。

解答

1. 例えば，以下の例が考えられる。
   - 「祖先さがし」のサイトに登録された遺伝子データと，犯罪現場に残された細胞（皮膚や体液）の遺伝子データを利用して，未解決事件の犯人探しをしてよいか。（実際に，アメリカで行われている。）
   - 交通事故で意識不明になって病院に運ばれた人の指を利用して，その人のスマートフォンの指紋認証を解除してよいか。個人情報の無断利用となるが，一方で，当人の身元を確認することにつながる。
   - コンピュータウイルスについて調べるために，コンピュータウイルスを作成するのは，「学術的調査」と「違法行為」でジレンマが生じる。
2. 略。実際に，e-Govなどの法令情報サイトで，該当する法令を調べてみればよい。

https://elaws.e-gov.go.jp

3. 略。ツイッターでの高度な検索は，以下のURLを利用するとよい。

https://twitter.com/search-advanced

7　図書館の利用方法

三輪　眞木子

《ポイント》　レポートや卒業研究で必要となる先行研究調査に役立つ文献探索の基本手順を習得し，図書館サービスの種類と利用方法を学ぶ。また，公共図書館，大学図書館，専門図書館の特徴を理解する。さらに，放送大学附属図書館の電子版図書目録であるOPAC（Online Public Access Catalog）により文献を探す方法を学ぶ。
《学習目標》（1）文献探索の手順を説明することができる。
（2）図書館が提供するサービスの種類と，公共図書館，大学図書館，専門図書館の違いを説明できる。
（3）OPACを使って放送大学附属図書館の蔵書を検索できる。
《キーワード》　先行研究，文献調査，図書館，OPAC

1．文献探索はなぜ必要か

大学生は，レポートや卒業論文を執筆する際に，選択したテーマについてすでに実施された研究（先行研究）を報告している学術文献を探すことが求められる。そのテーマについてすでに何が明らかにされており，どんな課題が残されているかを知ったうえで新たな研究に取り組むことが必要だからである。レポートや卒業論文では，研究課題や研究方法を説明する際に，先行研究を報告している学術文献の引用を求められる。

学術文献には，図書や雑誌や新聞などの印刷版と，電子書籍，電子ジャーナル，データベースなどの電子版がある。印刷版の学術文献は，図書館や書店で入手することができる。本章では，印刷版学術文献の探し方を学び，電子版学術文献の探し方は第8章で学ぶ。

（1） 文献探索プロセス

情報探索行動の研究は，文献探索プロセスのモデルを生み出してきた。その代表例として，初心者がレポート執筆のために文献を探すプロセスを描写した情報探索プロセス（Information Search Process：ISP）モデルと，複数の情報源を順次探索して知識を獲得するプロセスを描写したベリーピッキングモデル（Berrypicking Model）を紹介する。

（a） 情報探索プロセスモデル

米国の高校生が宿題のレポートを執筆するために文献を探す過程で，感情，思考，行動がどのように変化するかを追跡した調査から，6段階で構成される情報探索プロセスモデル[1]（図7-1）が生み出された。

このモデルは，文献探索の初心者がたどる感情，思考，行動の段階的な変化を示している。レポートを書くという課題を初めて与えられた探索者は，最初（開始）は何をすればいいかわからず不安を感じるが，レポートのテーマが決まると（選択），楽観的になりテーマに関連する文

タスク	開始	選択	探究	形成	収集	提示
感情	不確実 不安	漠然とした希望	混乱・フラストレーション・疑い	明快	方向性 自信	満足 不満足
思考	漠然 --------→◇			焦点形成	開放感 ------→	明快
行動	関連情報収集 --------→◇				適合文献収集 ------→	執筆

図7-1 情報探索プロセスモデル

献を漠然と探す（探究）。そこで，期待どおりの文献が見つからない，入手した複数の文献に矛盾することが書かれている，といったことから，混乱，疑い，フラストレーションが生じる。それを乗り越えて，レポートの焦点が定まると（形成），感情が明快になり，その後はレポートで引用できそうな適合情報のみを探す（収集）という系統的な情報探索行動に変化する。レポートを書くために必要な情報が収集できると，探索者は開放感を感じつつレポートの執筆（提示）に取りかかる。

このモデルに示された一連のタスク，感情，思考，行動の流れは，高校生だけでなく，大学生や専門家を含む幅広い領域での情報探索初心者を対象とする多様な文脈でも検証されている。

（b）ベリーピッキングモデル

文献を探す際には，探索者はいろいろな場所で様々な方法により文献を集めて読むことで，知識や目的が徐々に変化してゆく。このプロセスを描写したのが，図7-2に示すベリーピッキングモデル[2]である。

図7-2の左下に示した最初の疑問Q0を解消するために文献1を探して読んだ結果，疑問がQ1に変化し，それを解決すべく文献2を見つけ

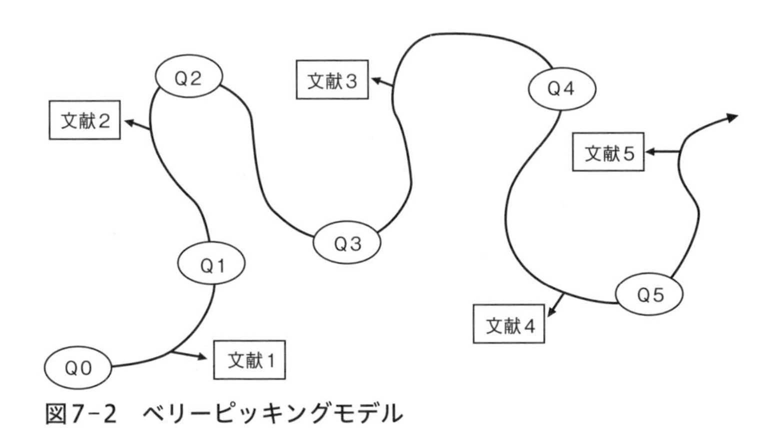

図7-2　ベリーピッキングモデル

て読んだところ疑問がQ2に変化し，さらなる思考を重ねたところその疑問がQ3に変化し，……というように，紆余曲折を経て，レポートの筋書きが頭の中に浮かび上がってくる。このような変化に富んだ情報探索プロセスが，野山で灌木に自生する実を摘むプロセスに似ているところから，「ベリーピッキングモデル」という名称が付けられた。

ベリーピッキングモデルが描写する試行錯誤を伴う情報探索プロセスでよく使われる**文献探索技法**に，以下のものがある。

・脚注連鎖探索……文献の脚注や文末に掲載された引用文献をたどって古い関連文献を見つけ出す技法。
・引用探索……「引用索引」や引用・被引用のリンクをたどって，引用関係にある新しい文献を含む関連文献を芋づる式に見つけ出す技法。
・雑誌走査……その領域の主要な学術雑誌の目次を過去にさかのぼって見ていくことで，すでに出版された関連文献を探し出す技法。
・領域走査……図書館などで見つけた文献の周辺に配架されている同じ領域の資料から関連文献を探し出す技法。
・主題探索……文献データベースなどをキーワードや分類記号などで主題検索することで，関連文献を網羅的に探し出す技法。
・著者名探索……領域の著名な研究者が書いた文献を探すために，データベースやインターネット上のホームページを探す技法。

実際の文献探索プロセスでは，これらの技法を組み合わせて利用する。最初は領域の専門用語を辞書や百科事典で調べることから開始し，本や雑誌論文の中から基本文献を見つけ出したうえで，これらの技法を使って関連文献を探していくと，効率的に文献探索を進めることができる。これらの技法は，図書館で印刷版の文献を探す場合も，インターネット上の電子情報源を探す際にも活用できる。

(2) 先行研究調査の手順

専門領域の初心者が先行研究調査をする際には，**基本文献**（本や論文）を決めて，それを手がかりに芋づる式に関連文献を探していく方法（図7-3）を勧める。

(a) 基本文献を決める

最初に，文献探索の糸口となる基本文献を決める。放送大学の学生なら，放送授業の印刷教材や主任講師が選ぶ参考文献が基本文献となるだろう。調べたいテーマに関する基本文献が手元になければ，そのテーマを扱う領域の入門書や，百科事典や専門辞典の該当項目で引用されている文献を基本文献とすればよい。次に，基本文献をもとに，3つの方法で先行研究文献を収集する。

(b) 図書館の雑誌架で学術雑誌の目次を通覧する

図書館に行き，基本文献に引用されている論文を掲載している雑誌が

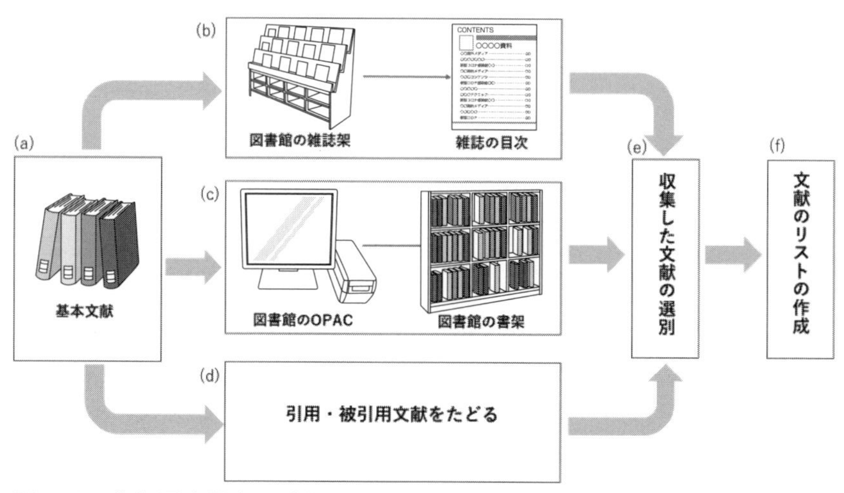

図7-3　先行研究調査の手順

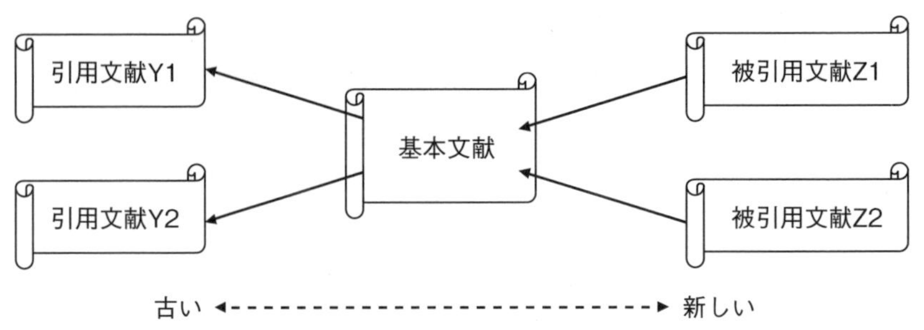

図7-4　引用文献と被引用文献

あれば，雑誌架に行ってその雑誌を探し，新しい巻から順に目次を見ていき，興味深い論文があればコピーを取る。掲載誌が電子ジャーナルなら，その検索サイトで最新号から順に書誌データを見て，興味深い論文があれば画面で閲覧するかダウンロードする。

（c）図書館のOPACで基本文献を検索し，図書館の書架で本を探す

基本文献のタイトルや著者名を手がかりに，図書館の**OPAC**（電子版図書目録）でその本の所在情報を見つける。その本の主題を表す件名と**分類記号**がわかるので，それらを使って関連図書や雑誌を検索する。図書館の本は分類記号順に書架に並んでいるので，見つかった本の分類記号を手がかりにその本を探す。OPACで見つけた本だけでなく周辺の本にも目を通し，図書館内で閲覧するか，借りて読む。

（d）引用文献と被引用文献を調べる

図7-4に実線矢印で示す引用・被引用のリンクをたどって，基本文献の**引用文献**（より古い文献Y1，Y2）と，基本文献の**被引用文献**（より新しい文献Z1，Z2）を探す。引用文献を探す作業は印刷版の文献調査だけでも完結するが，被引用文献は第8章で紹介する電子ジャーナルや学術論文データベース等の電子版資料で探す。

表7-1　文献種類別の引用文献の記述項目

文献種別／項目	単行書	雑誌論文	会議資料	電子資料
著者名	著者名	著者名	発表者名	著者名
タイトル	本のタイトル	論文タイトル	発表タイトル	タイトル
出版地	出版地		会議開催地	
出版者	出版社		出版社	発行機関名
出版年	出版年	出版年	出版年	更新日
ページ	総ページ数	掲載ページ	掲載ページ	
その他	版	雑誌名・ 巻・号	会議回次・ 開催日	URL・URI 閲覧日

（e）集めた文献を選別する

3つの方法を組み合わせて収集した本や雑誌論文に目を通す。レポートや卒業研究の筋書きを考えながら，引用すべき先行研究を報告している文献を選択する。

（f）文献リストを作る

レポートや卒業研究で引用する可能性のある**文献リスト**を文献の種類別に決められた項目で作る（表7-1）。レポートや卒業研究に関する引用文献の書式が決まっている場合には，その書式に合わせて文献リストを作成しておくと，執筆時に修正する手間が省ける。書式が決まっていない場合は，その領域でよく使われている引用文献の書式を参考に，一定のルールを決めて文献リストを作る。例えば，科学技術領域では，科学技術情報流通技術基準の1つとして「参照文献の書き方（SIST02）」[3]という基準が設けられている。なお，レポートや卒業研究を開始した後でも，関連文献が見つかったら，文献リストに順次加えていく。

2. 図書館の種類とサービス

（1） 図書館サービスの種類

印刷版の文献を探すには，図書館や書店を利用する。以下では，図書館が提供する基本的なサービスを紹介する。

（a） 資料の閲覧と貸出

図書館は，想定される利用者が必要とするであろう文献を収集し，利用しやすいように分類・整理して書架に並べている。図書館は，印刷版の図書や雑誌だけでなく，ビデオやCDやDVDなどのパッケージに収録されたマルチメディア情報源も収集しており，これらを視聴するための再生機器やパソコンが閲覧室に配置されている。図書館は収集した資料を，電子版の蔵書目録であるOPACを作成して利用者が検索できるようにするとともに，書架で資料を探せるよう，本を分類順に配架している。なお，雑誌はタイトル順に雑誌架に並べられている。スペースが限られているなどの理由で，利用者が入れない閉架書庫や外部の倉庫などに古い文献を保管し，貸出カウンターで提供している図書館もある。

図書館が所蔵する様々な文献を効率的に探索するには，OPACを利用する。OPACで見つけた本を書架で探す際には，その本だけでなく，周辺に置かれているよく似た内容（同じ分類）の本も探して目を通し，役に立ちそうな本を閲覧室で読むか，借りて読む。データベースなどの電子情報源を館内に設置されたパソコンで利用できる図書館もある。

（b） 参考調査サービス

参考調査サービス（レファレンス・サービス）は，図書館員が利用者の調べ物に関する相談を受け，資料に関する問い合わせに答えるものである。図書館では，辞書や百科事典，地図，索引など，様々な参考図書を収集して，利用者が閲覧できるようにしている。参考図書の近くには，電子情報源を利用するためのパソコンや，参考調査のカウンターがあり，参考調査サービスを担当する図書館員が利用者の質問に対応する。OPACや電子情報源の使い方，図書館資料の利用方法がわからないときには，参考調査サービスを利用すればよい。

（c）　図書館間相互貸借サービス

その図書館に所蔵されていない文献を閲覧したいときには，**図書館間相互貸借サービス**（Inter Library Loan：ILL）を通じて，別の図書館から文献を取り寄せてもらうことができる。また，その図書館が所蔵していない雑誌の論文を読みたい場合には，所蔵している図書館から論文のコピーを取り寄せることもできる。

（d）国立国会図書館デジタル化資料送信サービス

国立国会図書館は絶版などの理由で入手が困難な資料を電子化している。国立国会図書館の承認を受けた公共図書館・大学図書館などでは，これらの資料の画像を閲覧できる。対象資料は「国立国会図書館デジタルコレクション」Webサイト[4]の「図書館送信資料」で確認できる。

（2）　図書館の種類と利用方法

大学生が利用できる図書館は，公共図書館，大学図書館，および一部の専門図書館である。以下では，各種の図書館の特徴と利用方法を紹介する。

（a）　公共図書館

公共図書館は，「図書館法」[5]により設置と運営が規定され，自治体が運営する公立図書館と，日本赤十字社と一般社団法人・財団法人が運営する私立図書館が含まれる。大部分の公共図書館は公立図書館で，日本には2018年時点で，58の都道府県立図書館と3,219の市町村立図書館がある[6]。公共図書館は，教養，調査研究，レクリエーションなどに必要な資料を収集，整理，保有して地域の住民にサービスを提供している。

公共図書館の使命は，資料と施設の提供を通じて，利用者の「知る自由」を保障することである。そのため，公共図書館では，施設や資料を誰でも無料で利用できるだけでなく，利用者の個人情報を守るとともに，各館独自の収集方針に基づいて資料を収集している。また，館内閲覧，貸出，参考調査を含む，様々なサービスを提供している。

公共図書館は，各館の収書方針に沿って資料を選択，収集，整理して分類記号順に配架しており，利用者は資料を閲覧したり借りられるだけでなく，**著作権法**に抵触しない範囲でコピーも取れる。大規模な都道府県立図書館や政令指定都市の市立図書館には，学術書を含む数十万冊の本や主要な雑誌，新聞，地域の雑誌・新聞・郷土資料が所蔵されている。小規模な市町村立図書館でも，数万冊の本が所蔵されている。参考図書コーナーには辞書・事典などの印刷版二次資料だけでなく，専門領域のデータベースや電子資料を検索・閲覧するためのネットワークに接続されたパソコンが置かれている。

公立図書館を設置している行政区域に住んでいるか通学・通勤している人は，利用者として登録すれば，その図書館が所蔵する図書を借りることができる。公共図書館では，蔵書検索用にOPACを作成しており，図書館に出向かなくてもWeb上で**蔵書検索**や**貸出予約**ができる図書館もある。図書館間の相互貸借サービスを利用すれば，他地域の図書館の蔵書を借りることもできる。

私たちの身近にある公共図書館は，情報通信ネットワークの普及によって大きな変貌を遂げている。公共図書館のWebページでは，OPACにアクセスできるだけでなく，交通アクセス，開館日，開館時間のような基本情報に加えて，図書館で開催される展示や講演会などの催し物の案内も提供している。参考調査サービスも，従来は対面または電話やFAXによる質問に対応していたが，最近は電子メールによる質問に対応するところも増加している。一部の公共図書館では，利用者が持ち込んだパソコンを無料でインターネットに接続できる。週末でも開館している公共図書館は，本を借りる場所としてだけでなく，文献を探しながらレポートや論文を書くなどの**生涯学習**の場所としての利便性も高い。

公共図書館は，土日以外の平日が休館日だったり，夜間に開館するなど開館時間も曜日によって異なることもあるので，出向く前にホームページで開館日と開館時間を確認すると，無駄足を踏まなくて済む。

日本全国の公共図書館の蔵書を横断検索できるサービスとして，**カーリル**[7]というオンラインサービスがWeb上に無料で提供されている。カーリルでは，読みたい本を所蔵している近隣の公共図書館を探せるだけでなく，その本の貸出状況を確認することもできる。

（b） 大学図書館

大学図書館は，大学設置基準に基づき大学における教育と研究を支援するために設置されている。大学設置基準第38条では，「学部の種類，規模等に応じ，図書，学術雑誌，視聴覚資料，その他の教育研究上必要な資料を，図書館を中心に系統的に備える」とともに，「資料の収集，整理および提供を行うほか，情報の処理及び提供のシステムを整備して学術情報の提供に努める」としている[8]。このように，大学図書館が想定している利用者は，その大学の教職員と学生であるが，国立大学法人の図書館は一般の人々の利用を認めており，公立および私立大学図書館の中にも，地域住民の利用を認めているものがある。

放送大学の学生・院生は，放送大学本部図書館または学習センター資料室で紹介状を入手すれば，他大学の図書館に出向いて資料を閲覧できる。また，**図書館間相互貸借サービス**を利用すれば，他大学の所蔵資料を学習センターに取り寄せることもできる。

大学図書館は，夜間や週末も開館するところや，夏季・冬季・春季の休暇中は閉館するところなど，開館日や開館時間に違いがあるので，利用する場合はWebページで開館日と開館時間を事前に確認する必要がある。また，大学図書館ごとに学外利用者の利用条件に違いがあるので，確認しておくとよい。

（c） 専門図書館

専門図書館は，官公庁，地方議会，民間団体，企業，研究機関に設置され，領域の専門資料やサービスを組織体の構成員向けに提供する図書館である。ただし，公的機関の専門図書館には一般に公開されている専門図書館もあるので，専門的な領域の調べ物や資料入手に利用できる。視覚障がい者のための点字図書館，入院患者や家族のための病院患者図書館，矯正施設の図書館など，通常の公共図書館を利用しにくい人のために設置された専門図書館もある。一般に公開されている代表的な専門図書館を，表7-2に示す。

3. 放送大学附属図書館の利用

放送大学附属図書館は，千葉県の幕張にある本部図書館に2020年2月時点で70万冊以上の蔵書を備えており，所蔵資料の貸出サービス，参考調査サービス，相互貸借サービスを提供している。また，各種のデータベース，電子ジャーナル，電子書籍の提供機関と契約を結び，放送大学の学生と教職員の学習・研究の拠点として様々なサービスを提供している。

図書館での印刷版の学術文献の探し方を学ぶために，以下では放送大学附属図書館が所蔵する資料の利用方法を紹介する。放送大学の学生と

表7-2　代表的な専門図書館

専門図書館名	特　徴
アジア経済研究所図書館 http://www.ide.go.jp/Japanese/Library/	地域研究やアジアを中心とする発展途上国の現地資料や日本の旧植民地に関する資料，及び各国の主要な新聞・雑誌を閲覧できる。
大宅壮一文庫 http://www.oya-bunko.or.jp/	評論家の大宅壮一氏が収集した週刊誌を含む雑誌コレクションで，独自の観点で索引されており，件名別，人名別の「雑誌記事索引総目録」も刊行されている。
工業所有権情報・研修館 http://www.inpit.go.jp/	特許・実用新案・意匠・商標を含む産業財産権の公報等の閲覧・相談サービス，及びインターネット上での特許電子図書館サービスを提供している。
国立公文書館 http://www.archives.go.jp/	日本政府の各官庁から移管された明治期以来の公文書と旧内閣文庫を蓄積・管理し一般に公開している。同館が運営するアジア歴史資料センターは，アジア近隣諸国との関係に関わる明治期から第二次世界大戦終結までの歴史資料をインターネット上で公開している。
国立国会図書館 http://www.ndl.go.jp/	納本制度により日本の全出版物を収集し，国会議員，行政・司法各部門，国民に提供する。全国の公共図書館，大学図書館，専門図書館，外国の中央図書館と連携協力する中央図書館としての役割を担い，東京本館，関西館，国際子ども図書館の3館で構成される。
日本点字図書館 http://www.nittento.or.jp/	点字図書・録音図書や録音雑誌などを，日本全国および海外の視覚障がい者に郵送により無料で貸出すとともに，点字図書や録音図書に関する問い合わせに対応し，対面朗読サービスを実施している。
日本近代文学館 http://www.bungakukan.or.jp/	近代文学関係の資料を収集・保存する専門図書館で，文壇・学界関係者，出版社・新聞社等の協力により維持運営されている。

教職員が利用できる電子情報源の使い方は，第8章で学ぶ。

（1） OPACで放送大学の蔵書を探す

放送大学の蔵書検索のためのOPACは，インターネット上で公開されており，誰でもどこからでも利用できる。

放送大学附属図書館トップページ（図7-5）の「OPACシステム簡易検索」にキーワードを入れて検索すると，放送大学附属図書館の蔵書を検索できる。また，放送大学附属図書館トップページの「資料を探す」をクリックすると表示される〈蔵書検索システムOPAC〉をクリックしてOPACに入り「蔵書検索」タブを選択すると，詳細検索も可能である。「他大学検索」タブを選択して検索すると，全国の大学図書館の蔵書を一括検索できる。OPACの使い方は，放送大学附属図書館のトッ

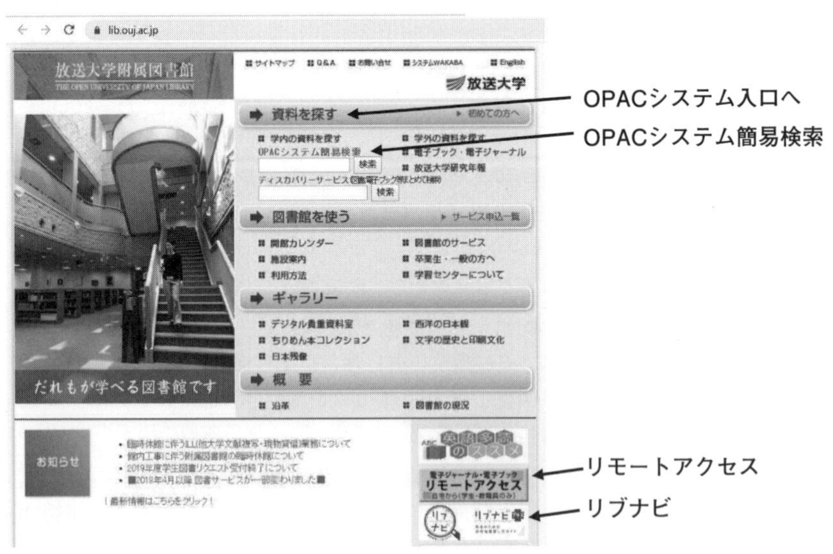

図7-5　放送大学附属図書館トップページ

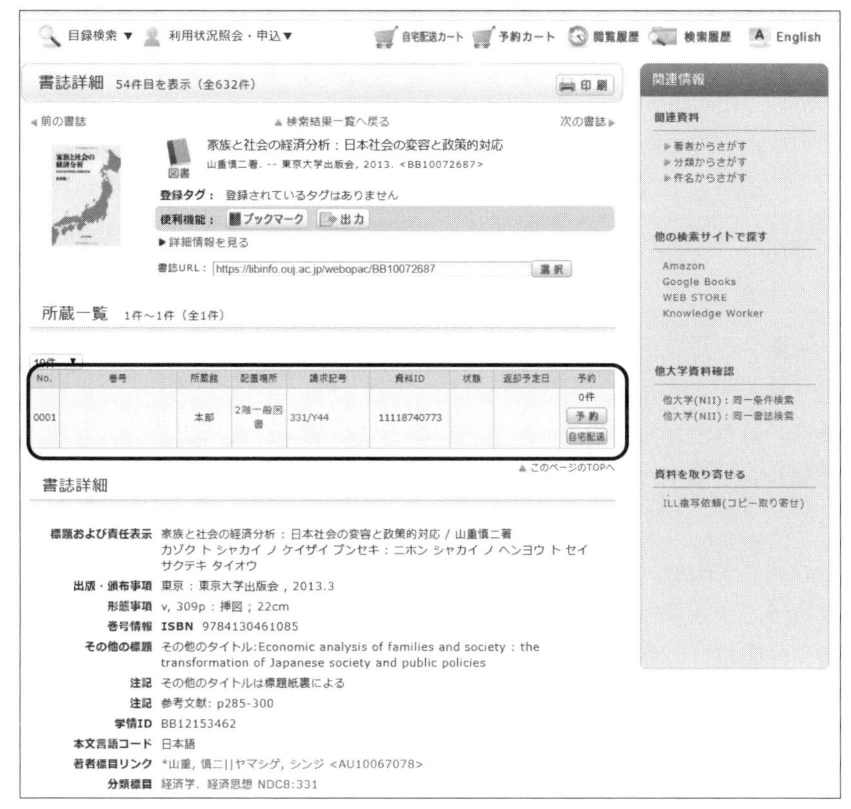

図7-6　OPACの書誌データと所蔵データ画面

プページでアクセスできる「**リブナビ**」[9] に詳述されている。

放送大学OPACを検索して本が見つかったら，その書誌データと所蔵データを表示して，その本がどこに配架されているかを確認する。図7-6は，2013年に東京大学出版会から発行された『家族と社会の経済分析：日本社会の変容と政策的対応』の書誌データと所蔵データを表示するOPAC画面である。そこには，この本が本部図書館に1冊所蔵さ

図7-7　本のラベル

れており，状態は空欄になっている。ちなみに，貸出中の場合は，状態が「貸出中」となる。この本には「331/Y44」という請求記号が付与され，日本十進分類の「331」すなわち「経済学，経済思想」に分類されている。この本の背表紙には図7-7のようなラベルが添付されている。

放送大学附属図書館では図書は分類記号順に配架されているので，社会科学の書架に行ってラベルの一段目が「331」の本を探す。同じ分類記号の図書は，著者名のアルファベット順に付与される著者記号の順に並んでいるので，ラベルの2段目が「Y44」であるこの本が貸出中でない限り，見つかるはずである。ちなみに，ラベルの3段目は分冊記号で，副本や複数巻がある本の巻を示す。日本十進分類法の構造は図7-8に示すように，第一次区分（類目），第二次区分（綱目），第三次区分（要目）の3段階で構成されており，さらに細分化されている場合もある。

（2） 放送大学生が利用できるサービス

放送大学の学生は，放送大学附属図書館の蔵書を利用できる。図書館のシステムにログインすれば，貸出中図書の予約，自分が借りている図書の貸出延長ができる。また，本部図書館に出向かなくても，自分が所属する学習センターに本部図書館の蔵書を配送するよう依頼できる。さ

第一次区分	第二次区分	第三次区分
0 総記		
1 哲学	31 政治	**331 経済学. 経済思想**
2 歴史	32 法律	332 経済史・事情. 経済体制
3 社会科学	**33 経済**	333 経済政策. 国際経済
4 自然科学	34 財政	334 人口. 土地. 資源
5 技術	35 統計	335 企業. 経営
6 産業	36 社会	336 経営管理
7 芸術	37 教育	337 貨幣. 通貨
8 言語	38 風俗習慣. 民俗学. 民族学	338 金融. 銀行. 信託
9 文学	39 国防. 軍事	339 保険

図7-8　日本十進分類法（第9版）の構造

らに，配送料自己負担で図書を自宅に配達してもらうこともできる。ただし，辞書，事典などの二次資料は貸出していないので，利用するにはその本を所蔵する本部図書館か学習センター図書室に出向く必要がある。

必要な本が放送大学附属図書館に所蔵されていない場合は，OPACの「他大学検索」で所蔵している他の大学図書館を探し，**図書館間相互貸借**のしくみ（OPACの「利用状況照会・申込」の「ILL貸出依頼」）を使ってその本を借りることができる（送料は有料）。なお，図7-6の画面右側の「他の検索サイトで探す」を使うと，各サイトでのその本の価格がわかる。学術雑誌に掲載された論文は，図7-6の右側にある「資料を取り寄せる」の「ILL複写依頼（コピー取り寄せ)」で論文を掲載している雑誌名と巻・号・ページ，および著者名，論文名を指定すると，学習センターか本部図書館の窓口でその論文のコピーを有料で入手できる。

放送大学附属図書館は，学生と教職員の学習・研究を支援するため各種のデータベース，電子ジャーナル，電子書籍を提供しており，その多くはリモートアクセスにより自宅などから利用できる。電子版情報源の使い方の詳細は第8章で学ぶ。

4. まとめ

本章では，レポートや卒業研究で必要となる先行研究調査のために，図書館で学術文献を探す方法を学んだ。文献探索手順を学んだうえで，図書館で提供しているサービスの種類と公共図書館，大学図書館，専門図書館の特徴を把握した。また，放送大学附属図書館のOPACを使って文献を探す方法や，放送大学附属図書館に所蔵されていない資料を図書館間相互貸借（ILL）により入手する方法を学んだ。授業で学んだ内容をさらに深め，レポートや卒業研究論文を執筆する際の先行研究調査を進めるためには，図書館を上手に活用する必要がある。放送大学の学生は，放送大学附属図書館，または近隣の公共図書館，他大学図書館，専門図書館に出向いて，関心あるテーマについて先行研究を探してみよう。

引用・参考文献

[1] Kuhlthau, C.C. Seeking Meaning：A Process Approach to Library and Information Services. 2 nd ed. Libraries Unlimited. 247 p. 2007.
[2] Bates, M.J. “The design of browsing and berrypicking techniques for

the online search interface,” Online Review, vol.13, no. 5, pp.407-424, 1989.　https://pages.gseis.ucla.edu/faculty/bates/berrypicking.html（2020年2月21日最終アクセス）

[3]　科学技術振興機構「参照文献の書き方（SIST02)」科学技術情報流通技術基準
https://jipsti.jst.go.jp/sist/handbook/sist02_2007/main.htm（2020年2月21日最終アクセス）

[4]　国立国会図書館デジタルコレクション
http://dl.ndl.go.jp/（2020年2月21日最終アクセス）

[5]　図書館法
https://elaws.e-gov.go.jp/search/elawsSearch/elaws_search/lsg0500/detail?lawId=325AC0000000118（2020年2月21日最終アクセス）

[6]　日本図書館協会．図書館統計．http://www.jla.or.jp/library/statistics/tabid/94/Default.aspx（2020年2月18日最終アクセス）

[7]　カーリル
https://calil.jp/（2020年2月21日最終アクセス）

[8]　大学設置基準（昭和31年10月22日文部省令第28号）
https://www.mext.go.jp/b_menu/shingi/chousa/koutou/053/gijiroku/__icsFiles/afieldfile/2012/10/30/1325943_02_3_1.pdf（2020年2月21日最終アクセス）

[9]　リブナビ
https://lib.ouj.ac.jp/libnavi/（2020年2月18日最終アクセス）

演習問題

【問題】

⑴　試行錯誤を伴う文献探索プロセスでよく使われる6つの文献探索技法を挙げよ。

⑵　図書館が提供する主なサービスを3つ挙げよ。

解答

⑴　脚注連鎖探索，引用探索，雑誌走査，領域走査，主題探索，著者名探索

⑵　資料の閲覧と貸出，参考調査，図書館間相互貸借

8　電子情報源の利用方法

三輪　眞木子

《ポイント》　先行研究調査のために役立つ電子情報源の使い方を学ぶ。まず，文献検索の基本知識を学んだうえで，放送大学附属図書館が学生と教職員のために出版社などと契約して提供している電子資料の利用法を学ぶ。さらに，Web上で提供されている学術情報の検索に役立つサイトを紹介する。
《学習目標》（1）検索サイトの種類，ブール演算の機能，電子情報源の主なフォーマットを挙げ，検索結果の評価指標を説明することができる。
（2）放送大学附属図書館が提供するデータベース，電子ジャーナル，電子ブックを利用することができる。
（3）インターネット上で書籍や学術論文を探すことができる。
《キーワード》　検索サイト，ブール演算，精度と再現率，電子ジャーナル，電子書籍，データベース

1．文献検索の基礎知識

情報通信環境の急激な進展によって，多くの資料が電子化され，Web上で流通するようになった。以下では，電子化された資料のうち，先行研究調査に役立つ図書や学術論文やデータベースを探すうえで知っておくと役に立つ基礎知識を学ぶ。

（1）キーワード検索とカテゴリー検索

インターネット上にある電子情報源を利用する方法には，思いついた言葉を使って検索する**キーワード検索**と，検索サイトに表示されている

図8-1　Googleの検索画面（https://www.google.co.jp）

カテゴリーの中から該当するものを選んでクリックしていく**カテゴリー検索**があり，両者を組み合わせた検索サイトもある[1]。キーワード検索では，検索サイトにある検索窓にキーワードを入力して，検索ボタンを押すと結果が表示される。キーワード検索では，複数のキーワードを組み合わせて検索できるので，複雑なテーマについて検索する場合にも有効である。

調べたいことがわかっていて調査対象領域の専門用語を知っている場合には，キーワード検索を利用すると効率的な検索ができる。調べたい領域についてほとんど知らない場合や，適切なキーワードがわからないときには，カテゴリー検索が便利である。Googleサーチエンジンは，キーワード検索を採用している（図8-1）。

キーワード検索では，検索窓にキーワードを入力してから，検索ボタンをクリックすると，検索結果が表示されるしくみになっている。カテゴリー検索では，カテゴリーメニューのリンクをクリックすると下位概念の項目一覧が表示され，そのリンクをクリックすると，さらに下位概念の項目が表示され，というように，段階的に詳細な項目に絞っていく。本章で紹介するWeb情報源の多くは，キーワード検索とカテゴ

図8-2　Yahoo！JAPANのトップページ（http://www.yahoo.co.jp/）

リー検索を組み合わせた方式を採用している。例えば，Yahoo！JAPANのトップページ（図8-2）も，その1つである。

（2）ブール演算

文献を探す際に2つ以上のキーワードを組み合わせて検索する場合には，**ブール演算**という集合演算を使う[2]。文献検索でよく使うブール演算には，2つのキーワードの両方ともを含む文献を探すときに使う**AND検索**（2つの集合の論理積集合），2つのキーワードのどちらか1つを含む文献群と両方のキーワードを含む文献群を探すときに使う**OR検索**（2つの集合の論理和集合），がある。また，1つのキーワードを含むが，もう1つのキーワードを含まない文献を探すときには，**NOT検索**（2つの集合の論理差集合）を用いる。2つのキーワード「図書館」と「文献検索」のAND検索，OR検索，NOT検索について，各々の例を図

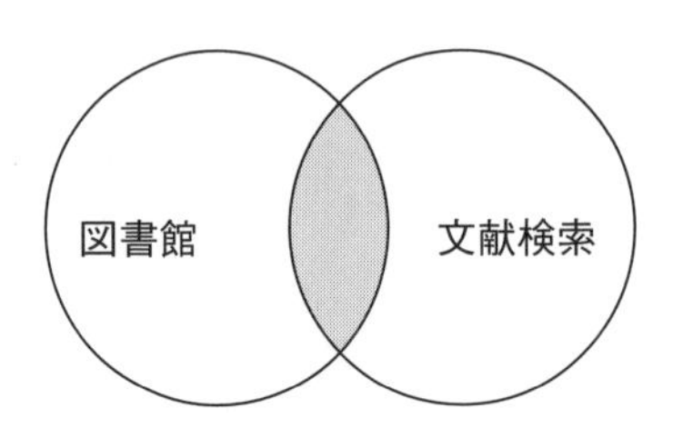

AND 検索……「図書館 AND 文献検索」は、「図書館」と「文献検索」の両方のキーワードを含む文献を探す際に用いる。検索結果は、両方の集合が重なった部分となる。

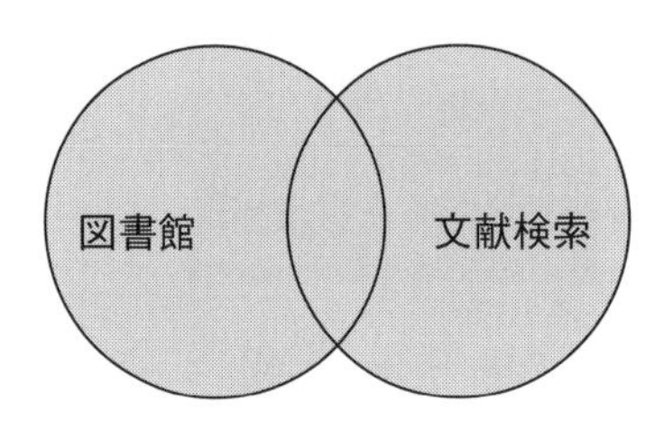

OR 検索……「図書館 OR 文献検索」は、「図書館」と「文献検索」のどちらかのキーワードを含む文献を探す際に用いる。検索結果は、両方の集合を含む部分となる。

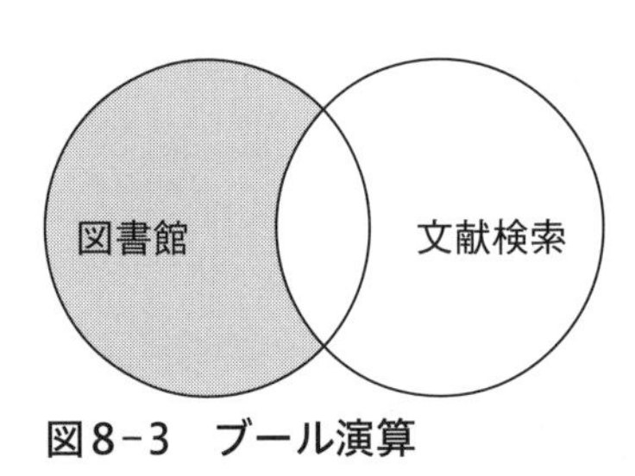

NOT 検索……「図書館 NOT 文献検索」は、「図書館」を含むが「文献検索」を含まない文献を探す際に用いる。検索結果は、両方の集合のうち「文献検索」の集合を除いた部分となる。

図8-3　ブール演算

8-3に示す。

ブール演算は，検索エンジンによって表現が異なる。例えば図8-4に示すGoogleの「検索オプション」でも利用できる[3]。

（3） 電子情報源のフォーマット

電子情報ファイルには，様々なフォーマットが使われている。インターネット上の文書ファイルでよく使われるフォーマットには，HTML（HyperText Markup Language），文書作成ソフトウェア

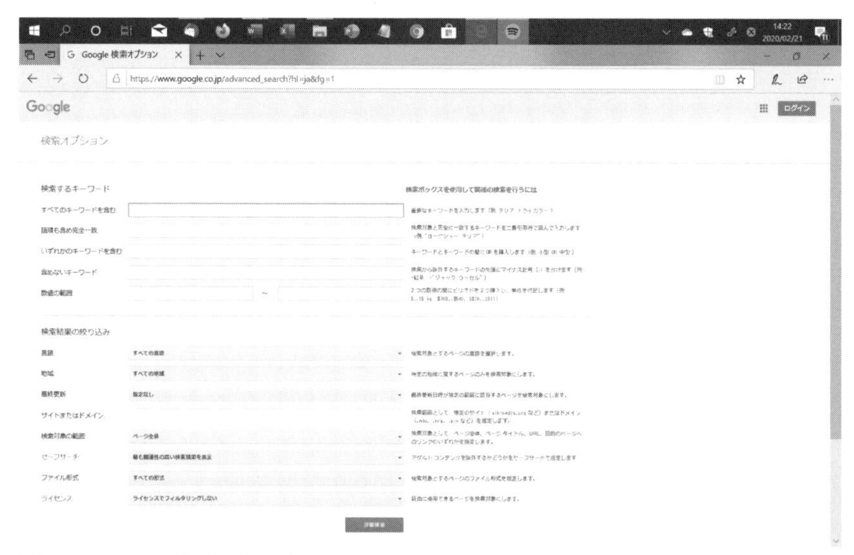

図8-4　Google検索オプション

Word，PDF（Portable Document Format）などがある。学術文献や報告書では，PDFを使うことが多い。インターネット上のGoogleやYahoo！Japanなどの検索サイトで論文や報告書を探す場合には，フォーマットをPDFに限定すると，学術文献以外のノイズを減らすことができる。例えば，「Google検索オプション」では，PDF，Excel，PowerPoint，Word，リッチテキストを含む多様なファイル形式を指定できる。

（4）　検索結果の評価

文献検索の評価では，検索結果がユーザの情報ニーズをどの程度満たしているかを示す尺度である適合性が使われている。検索結果中の適合（ユーザのニーズを満たしている）文献の比率である精度（precision）と，

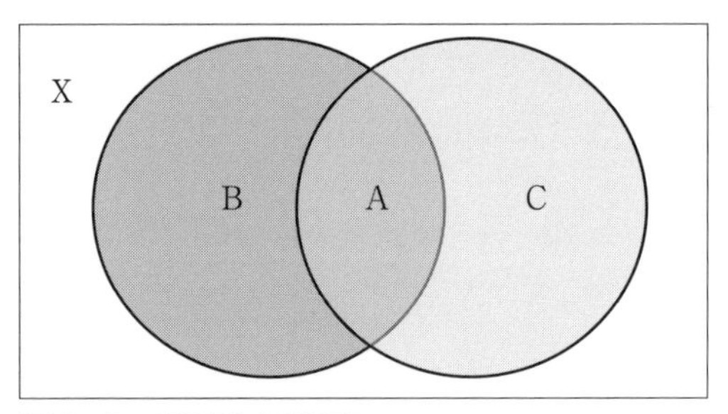

図8-5　精度と再現率

データベース中の全適合文献のうち検索結果に含まれている文献の比率である再現率（recall）によって，検索性能を評価する。実際の精度と再現率は，次のように算定する。図8-5の四角形の枠内Xはデータベースに収録されている全文献を表す。左側の円内Bは，データベース中の全適合文献を表す。右側の円内Cは，検索された文献集合を表す。BとCが交差する部分Aは，検索された適合文献を表す。

精度Pは，検索された文献C中の適合文献の比率なので，以下の式で計算する。

$$\text{精度}P=\frac{A\text{（検索結果中の適合文献数）}}{C\text{（検索された文献数）}}\times 100\ (\%)$$

再現率Rは，全適合文献B中の検索された適合文献Aの比率なので，以下の式で計算する。

$$\text{再現率}R=\frac{A\text{（検索結果中の適合文献数）}}{B\text{（データベース中の全適合文献数）}}\times 100\ (\%)$$

例えばあるデータベース中に情報ニーズを満たす適合文献Bが100件あり，検索結果として得られた文献C40件の中に適合文献Aが16件あったとする。これらの数値を上記の数式に当てはめて計算した結果は，以下のようになる。

$$精度P = \frac{A\ (16)}{C\ (40)} \times 100\ (\%) = 40\ \%$$

$$再現率R = \frac{A\ (16)}{B\ (100)} \times 100\ (\%) = 16\ \%$$

2. 放送大学附属図書館が提供する電子情報源

放送大学附属図書館では，出版社などと契約して，データベース，電子ジャーナル，電子ブックを学生と教職員が利用できるようにしている。以下では，これらの電子情報源を紹介する。大部分は，放送大学の学生が**リモートアクセス**で認証（ログイン）すれば利用できるが，「学内のみで利用可能」と記されている情報源は，放送大学の本部または学習センター内でのみ利用できる。各々の電子情報源の利用方法は，放送大学附属図書館のトップページ（p.134の図7-5）の「**リブナビ**」[4] の中にある「リブナビプラス」に詳しく紹介されている。また，放送大学附属図書館のトップページの「電子ブック・電子ジャーナル」のリンクをクリックすると表示される「電子ブック・電子ジャーナル・データベース一覧」には，各情報源の利用マニュアルへのリンクが付けられている。

自宅など，放送大学の本部や学習センター以外の場所でこれらの電子情報源（「学内のみで利用可能」と記されているものを除く）にアクセスする場合は，放送大学附属図書館のトップページ（図7-5）右側にある［リモートアクセス］ボタンをクリックしてログインしてから，各情報源にアクセスする必要がある。なお，放送大学附属図書館で利用できる電子ジャーナル，電子ブック，データベースは毎年変更される。

(1) 電子ジャーナル

従来は印刷版としてのみ発行されていた学術雑誌が電子化され，最近ではその多くが電子ジャーナルとしてオンラインで発行されている。放送大学附属図書館で利用できる電子ジャーナルを表8-1に示す。

(2) 電子ブック

放送大学附属図書館で利用できる電子ブックをp.151の表8-2に示す。

(3) データベース

放送大学で利用できるデータベースをp.152の表8-3に示す。

(4) ディスカバリーサービス

電子ブックや電子ジャーナルは，それぞれのサイトで検索して求める情報を入手できるが，探したい情報を漏れなく探し出すためには多くのサイトで同じキーワードで検索する必要があり，時間と手間がかかる。**ディスカバリーサービス**で検索すると，1つの検索で複数の電子情報源を一度にまとめて検索できる。また，検索結果は各サイトにリンクされているため，閲覧できる電子資料の全文にアクセスできる。

なお，自宅など放送大学本部と学習センター以外の場所でディスカバリーサービスを利用する場合は，放送大学附属図書館のトップページ（図7-5）の右下にある「リモートアクセス」をクリックして表示されるログイン画面（p.153の図8-6）で認証してから利用する。認証されると，電子情報源のリストが青色に変わりリンクできるようになるの

表8-1　放送大学附属図書館で利用できる電子ジャーナル（2020年2月）

名　称	概　　要
CiNii Articles ◎	日本の学術論文約2,000万件を検索できる。うち約450万件は，ダウンロード可能なWebページへのリンクが表示されている
CiNii Dissertation ◎	国立国会図書館が所蔵するものと大学の機関リポジトリに収録されている国内の博士論文を検索できる。
日経BP	「日経ビジネス」「日経PC21」「日経アーキテクチュア」「日経メディカル」など，日経BP社発行59誌が利用できる。
電子情報通信学会論文誌	電子情報通信学会が出版する論文誌（和文・英文）のA-Cの抄録までと，情報・システム：DとInformation and Systems:Dの全文を閲覧できる。
Science Direct (e-Journals) ◎	Elsevier Science社が提供する2,500以上の雑誌の論文を収録する世界最大の全文データベースで，本学では約2,000タイトルを閲覧できる。
Springer Link (e-Journals) ◎	Springerグループが提供する，約1,600タイトルの洋雑誌論文（1997～）と，約1,000タイトルの1999年以前に刊行されたジャーナルを閲覧できる
Wiley Online Library (e-Journals)	本学ではCognitive science, Topics in cognitive science, Japan journal of nursing science, Philosophy and Phenomenological Researchを利用できる。
Cambridge Journal Online ◎	Cambridge University Pressが提供する300以上の雑誌論文や電子ブックを検索できる全文データベース。放送大学では，HSS（人文・社会科学分野）パッケージの学術雑誌257タイトルを閲覧できる。
IEEE CSDL ◎	IEEE Computer Societyが発行するコンピュータサイエンスとコンピュータ工学分野の定期刊行物40誌の1968年から最新号を提供する。

IOP SCIENCE ◎	IOP（英国物理学会）電子ジャーナルのうち本学では Astrophysical Journal Part I, II, Astrophysical Journal Supplement Series を利用できる。
JSTOR ◎	人文科学・社会科学領域の115の欧文誌の初号から過去3~5年分までの論文を利用できる。
NII REO ◎	電子ジャーナルの横断検索ができるシステムで，「電子ジャーナルアーカイブ」の検索機能を利用でき，契約している一部の電子ジャーナルについては本文まで読むことができる。

注：◎は，リモートアクセス可能

で，「ディスカバリーサービス」へのリンクをクリックする。他のリモートアクセス電子情報源も，このリンクを使って利用する。

放送大学の学生は，以上で紹介した放送大学附属図書館が契約している電子情報源を本部図書館や学習センターで，また表中の◎のついた電子情報源は**リモートアクセス**により自宅などでも利用できるので，授業で学んだ内容をさらに勉強したり，レポートの執筆や卒業研究に取り組む際の先行研究調査に，これらの電子情報源を活用してほしい。

3. インターネットで学術文献を探す

インターネット上には，無料でアクセスできる様々な学術文献が公開されている。以下では，インターネット上の自由に閲覧できる学術文献を探す方法を学ぶ。

(1) 本を探す

インターネット上で本を探すために利用できる主なサイトを，p.154の表8-4に示す。なお，これらのうち，本の全文を閲覧できるのは，**青空文庫**のみである。全国の公共図書館の蔵書を一括して横断検索でき

表8-2　放送大学附属図書館から利用できる電子ブック（2020年2月）

名　称	概　　要
Maruzen eBook Library　◎	オンラインで閲覧できる電子ブックで，和書約7千冊，洋書2百冊の全文検索が可能。1冊につき60ページまでPDFファイルで保存できる。同じ資料を利用できるのは同時に1名。
EBSCO eBooks（NetLibrary）　◎	オンラインで閲覧できる日本の電子ブックで，和書約6千冊，洋書　約1万2千冊が利用できる。1冊につき60ページまでPDFファイルで保存できる。同じ資料を利用できるのは同時に1名。
KinoDen　◎	オンラインで閲覧できる電子ブックで，和書16冊が利用できる（2020年3月現在）。1冊につき最大60ページまでPDFファイルで保存ができる。同じ資料を利用できるのは同時に1名。
JapanKnowledge ジャパンナレッジ Lib　◎	「日本大百科全書（小学館）」，「Encyclopedia of Japan（講談社）」，など79種類の参考図書を収録。同時に利用できるのは4名。利用終了時は画面右上のログアウトをクリックする。
ScienceDirect（E-books）　◎	外国語の電子ブックのコレクションで，Climate Vulnerability Encyclopedia of Mental Health（Second Edition），Niels Bohr Collected Works，Treatise on Geochemistry（Second Edition）等が利用できる。
SpringerLink（eBooks）　◎	外国語の電子ブックのコレクション。レクチャーノートシリーズ（Lecture Notes in Computer Science, Lecture Notes in Mathematics, Lecture Notes in Physics）を含むSpringer社の出版する電子ブック約4万7千タイトルが利用できる。

注：◎は，リモートアクセス可能

表8-3　放送大学附属図書館で利用できるデータベース（2020年2月）

名　称	概　　要
聞蔵Ⅱビジュアル　◎	1879年から当日までの朝日新聞とAERAの全文記事および2000年以降の週刊朝日の記事を収録している。同時に利用できるのは2名。
日経ValueSearch	企業・財務情報，経済・業界統計，日経ニュース・記事など企業・業界分析に必要なデータを収録。同時に利用できるのは1名。
法律判例文献情報	1982年1月以降に刊行された法律関連文献および判例集の書誌情報を検索できる。同時に利用できるのは1名。
大平正芳関係文書　◎	第68・69代内閣総理大臣をつとめた大平正芳（1910－1980）が残した膨大な文書群の本文画像を含むデータベース。大平正芳自筆の日記・手帳，書簡，官庁資料，国会答弁・演説用の原稿資料等の，膨大かつ多様な原史料で構成されている。
初期英語書籍集成データベース　◎	1473年から1700年に英国で出版（あるいは英語で記述・刊行）された印刷物のデータベース。当時のあらゆる分野の出版物約13万点を収録。文芸，宗教，歴史から，政治，経済，科学，芸術，言語学まで，近世英国とヨーロッパに関する様々な学問分野に貴重な史料を提供。
日本古典文学大系本文データベース　◎	岩波書店の旧版「日本古典文学大系」の556作品の全文検索ができる。岩波書店と国文学研究資料館に無断で検索結果を再配布したり，公開することは禁止されている。
理科年表プレミアム　◎	自然科学分野の図表やデータを調査できるデータベース。表データはCSVファイルでダウンロードしたあと，表計算ソフトで編集可能。附録として「ノーベル賞受賞者・受賞理由」が掲載されている。
EBSCO host　◎	EBSCO eBook Collection（電子ブック），米国Educational Resource Information Center作成の教育関係のデータベースERIC, Library, Information Science & Technology Abstracts（LISTA）を利用できる。

Sociological Abstracts　◎	社会学，社会科学，行動科学関連分野の書誌抄録データベースで，1952年以降の書誌抄録，2002年以降は引用文献情報も提供。Social Services Abstracts, ERIC, PILOTS など関連データベースも併せて提供。

注：◎は，リモートアクセス可能

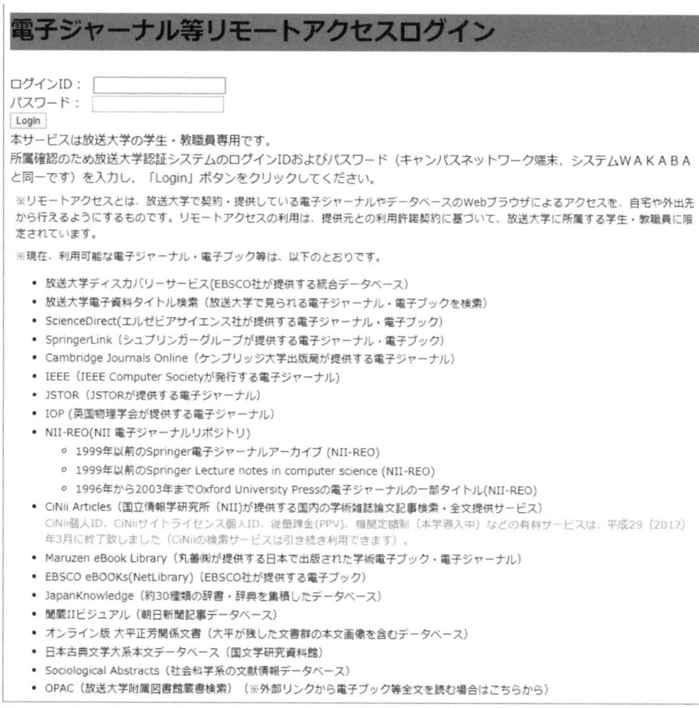

電子ジャーナル等リモートアクセスログイン

ログインID：
パスワード：
Login

本サービスは放送大学の学生・教職員専用です。
所属確認のため放送大学認証システムのログインIDおよびパスワード（キャンパスネットワーク端末、システムＷＡＫＡＢＡと同一です）を入力し、「Login」ボタンをクリックしてください。

※リモートアクセスとは、放送大学で契約・提供している電子ジャーナルやデータベースのWebブラウザによるアクセスを、自宅や外出先から行えるようにするものです。リモートアクセスの利用は、提供元との利用許諾契約に基づいて、放送大学に所属する学生・教職員に限定されています。

※現在、利用可能な電子ジャーナル・電子ブック等は、以下のとおりです。

- 放送大学ディスカバリーサービス(EBSCO社が提供する統合データベース)
- 放送大学電子資料タイトル検索（放送大学で見られる電子ジャーナル・電子ブックを検索）
- ScienceDirect(エルゼビアサイエンス社が提供する電子ジャーナル・電子ブック)
- SpringerLink（シュプリンガーグループが提供する電子ジャーナル・電子ブック）
- Cambridge Journals Online（ケンブリッジ大学出版局が提供する電子ジャーナル）
- IEEE（IEEE Computer Societyが発行する電子ジャーナル）
- JSTOR（JSTORが提供する電子ジャーナル）
- IOP (英国物理学会が提供する電子ジャーナル）
- NII-REO(NII 電子ジャーナルリポジトリ)
  - 1999年以前のSpringer電子ジャーナルアーカイブ (NII-REO)
  - 1999年以前のSpringer Lecture notes in computer science (NII-REO)
  - 1996年から2003年までOxford University Pressの電子ジャーナルの一部タイトル(NII-REO)
- CiNii Articles（国立情報学研究所（NII)が提供する国内の学術雑誌論文記事検索・全文提供サービス）
  CiNii個人ID、CiNiiサイトライセンス個人ID、従量課金(PPV)、機関定額制（本学導入中）などの有料サービスは、平成29（2017）年3月に終了致しました（CiNiiの検索サービスは引き続き利用できます）。
- Maruzen eBook Library（丸善㈱が提供する日本で出版された学術電子ブック・電子ジャーナル）
- EBSCO eBOOKs(NetLibrary)（EBSCO社が提供する電子ブック）
- JapanKnowledge（約30種類の辞書・辞典を集積したデータベース）
- 聞蔵IIビジュアル（朝日新聞記事データベース）
- オンライン版 大平正芳関係文書（大平が残した文書群の本文画像を含むデータベース）
- 日本古典文学大系本文データベース（国文学研究資料館）
- Sociological Abstracts（社会科学系の文献情報データベース）
- OPAC（放送大学附属図書館蔵書検索）（※外部リンクから電子ブック等全文を読む場合はこちらから）

図8-6　リモートアクセスのログイン画面

るカーリルでは，本の貸し出し状況も確認できる。Web上のオンライン書店や出版社のホームページでは，各々が販売する本を探して購入できる。

表8-4　Web上の主な書籍検索サイト（2020年2月）

サイト名（URL）	概　　要
CiNii Books (http://ci.nii.ac.jp/books/)	全国1,300以上の大学図書館等が所蔵する図書，雑誌，古典籍などの学術資料約1,177万件の書誌情報と所在情報を検索できる。
NDL OPAC (http://opac.ndl.go.jp/	国立国会図書館を構成する3館（東京本館，関西館，国際子ども図書館）が所蔵する和図書，洋図書，雑誌，新聞，雑誌記事索引，電子資料，古典籍資料，博士論文，規格・レポート類，点字・録音図書を検索できる。
Books (http://www.books.or.jp/)	日本国内で発行され「出版書誌データベース」に蓄積した入手可能な約230万点（2019年1月時点）の書籍を検索できる。
青空文庫 (http://www.aozora.gr.jp/)	日本国内で著作権の切れた文学作品と著作権者が公開を許諾した文献を収録しており，本文をテキストとXHTML（一部HTML）形式で無料で閲覧できる。
カーリル (https://calil.jp/)	全国7,200以上の図書館の蔵書の貸出状況を検索し，利用者登録している図書館で貸出予約もできる。

（2）　学術論文を探す

Web上にある学術雑誌論文を探すために利用できる主なサイトを表8-5に示す。

表8-5に挙げた学術論文検索サイトのうち，Google Scholar，J-STAGEおよびPubMedでは，第7章で学んだ引用文献と被引用文献を調べることができる。検索方法の詳細は，各情報源の利用マニュアルで確認すること。

（3）　学術文献・技術情報ポータルサイト

ポータルサイトは，様々なサイトへのリンクを提供している。Web

表8-5　Web上の主な学術論文検索サイト

サイト名（URL）	概　　要
Google Scholar（http://scholar.google.co.jp/）	検索サイトGoogleの一部で，学術文献を検索できる。論文や書籍の引用・被引用文献も表示できる。オープンアクセス雑誌の論文や，著者のホームページか所属機関のサイトで公開されている論文は，本文も閲覧できる。
J-STAGE（https://www.jstage.jst.go.jp/browse/-char/ja/）	日本国内の学会等が発行する電子ジャーナルや，学会発表の予稿集，要旨集に掲載された論文を検索できる。Freeのアイコンがついていれば全文を無料で閲覧できる。サイト内の引用文献と被引用文献も確認できる。
PubMed（http://www.ncbi.nlm.nih.gov/pubmed/）	日本語雑誌150誌を含む世界約70カ国で発行されている約5,000誌に掲載された医学分野の論文を検索できる。一部は無料で閲覧でき，引用文献と被引用文献も確認できる。
DOAJ（Directory of Open Access Journals）（http://www.doaj.org/）	無料でアクセスできる欧米のオープンアクセス電子ジャーナルのディレクトリーで，幅広い領域の1,000種類以上の雑誌を収録。

上の学術文献や特許などの技術情報を探すために利用できる主なポータルサイトを，表8-6に示す。

（4） 統計データポータルサイト

Web上で無料公開されている各種統計データのポータルサイトを，表8-7に示す。これらのサイトの統計データは，第9章で紹介するExcelなどの表計算ソフトウェアに取り込めるCSVファイル形式でダウンロードして利用できる。

表8-6　学術文献・技術情報のポータルサイト（2020年2月）

サイト名（URL）	概　　要
サイエンスポータル（http://scienceportal.jst.go.jp/）	科学技術振興機構による科学技術の最新情報を提供する総合Webサイト。科学ニュース，専門家の意見，主要新聞の科学記事，各大学，研究機関などが発表するプレスリリース，学協会やイベントの開催情報，研究者求人情報などへのリンクを提供する。
IRDB機関リポジトリデータベース（https://irdb.nii.ac.jp/）	日本国内の大学や研究機関が構築する学術機関リポジトリに登録されたコンテンツ（学術論文・学位論文・研究紀要・研究報告書等）を横断検索できる。
NDL Search（http://iss.ndl.go.jp/）	国立国会図書館が所蔵する全資料と，都道府県立図書館，政令指定都市の市立図書館の蔵書，国立国会図書館や他の機関が収集している各種デジタル情報を検索できる。
特許情報プラットフォーム（J-PlatPat）（https://www.j-platpat.inpit.go.jp/）	明治以来日本で発行されている特許・実用新案・意匠・商標の公報類及び関連情報を無料で検索できる。
アジア歴史資料センター（http://www.jacar.go.jp/）	1860年代から1945年頃までの近現代における日本とアジア近隣諸国との関係に関する歴史資料（目録と公文書）をWeb上で提供する電子資料センターで，国立公文書館が運営している。

4. まとめ

本章では，レポート執筆や卒業研究に取り組む際に必要となる先行研究調査のために役立つ電子情報源を紹介した。電子情報の検索に必要な基礎知識を踏まえて，放送大学附属図書館が学生と教職員に提供する電子版学術文献の利用法を学んだ。本章で紹介したWeb上のサイトはしばしば更新され，画面のイメージも変化する。またWeb上の情報源は

表8-7　統計データのポータルサイト

サイト名（URL）	概　　要
e-Stat (https://www.e-stat.go.jp/)	日本の政府統計関係情報のポータル。各府省等が登録した統計データ，公表予定，新着情報，調査票項目情報などを利用できる。
OECD主要統計 (http://www.oecd.org/tokyo/home/)	OECD加盟34ヵ国を中心に，人口，経済，教育，農業，雇用など幅広い領域の国際比較のための統計データを提供している。
Undata (http://data.un.org/)	国連加盟国の人口，経済，教育などの国際比較のための統計データと各国の政府機関が提供する統計データを利用できる。
IMF Data (http://www.imf.org/en/data)	IMF（国際通貨基金）が提供する為替レート，経済・金融指標などの金融データを利用できる。

日々更新されており，新しい情報源も次々と公開されているので，その動向にも注意する必要がある。

参考文献

[1]　『情報検索のスキル：未知の問題をどう解くか』三輪眞木子，214 p（中央公論新社）2003 年
[2]　『検索エンジンはなぜ見つけるのか：知っておきたいウェブ情報検索の基礎知識』森大二郎，235 p（日経BP社）2011 年
[3]　Google検索オプション
https://www.google.co.jp/advanced_search?hl=ja&fg=1（最終アクセス2020 年2月22日）
[4]　「リブナビ」 https://lib.ouj.ac.jp/libnavi/（最終アクセス2020 年2月22日）

演習問題

【問題】

(1)　キーワード検索とカテゴリー検索の違いを挙げよ。

(2)　2つのキーワード「電子図書館」と「データベース」のAND検索とOR検索の違いを説明せよ。

解答

(1)　キーワード検索では，検索サイトの検索窓にキーワードを入力して，検索ボタンを押すと結果が表示される。カテゴリー検索では，表示されているカテゴリーリストの中から該当するものを選んでクリックすることで，検索対象を絞り込んでいく。

　複数テーマの検索や調べたいことがわかっていて調査対象領域の専門用語を知っている場合には，キーワード検索を利用すると複数キーワードの組み合せが可能なので効率的な検索ができる。調べたい領域についてほとんど知らない場合や，適切なキーワードがわからないときには，カテゴリー検索が便利である。

(2)　AND検索は，2つのキーワードの両方ともを含む文献を探すときに使う。「電子図書館ANDデータベース」で検索すると，電子図書館とデータベースの両方のキーワードを含む文献が見つかる。

　OR検索は，2つのキーワードのどちらか1つを含む文献群を探すときに使う。「電子図書館ORデータベース」で検索すると，電子図書館とデータベースのどちらか1つのキーワードを含む文献と，両方のキーワードを含む文献が見つかる。

9　表計算の基本

秋光　淳生

《ポイント》 学びを進めていくと，パソコン上に多くの記録が残る。蓄積されたデータを整理する有効な方法が表やグラフを作成することである。表計算ソフトを用いると，表の作成だけでなく，特定の項目の選別や並び替え，値の計算やグラフの作成といったことができるようになる。この章では，まず表計算ソフトの基本的な使い方について説明し，次章でグラフの作成の仕方について述べる。

《学習目標》 (1) 表計算ソフトを起動し，セルに入力し，その書式を設定することができる。

(2) 関数を入力し，セルの値を元に計算をすることができる。

(3) 絶対参照，相対参照の概念を理解し，複数のセルへの入力といった処理をすることができる。

《キーワード》 表計算，セル，関数，参照，オートフィル

1. 表計算ソフトウェア

操作の例として放送大学の学生として科目を履修する状況を考えよう。取得した単位を表の形で表すことにする。放送大学の講義には，放送授業と面接授業という二種類の講義があり，放送授業は科目あたり2単位，面接授業は1単位である。ここで，表9-1のような3科目を受講することにしよう。

Excelを起動すると，図9-1のような画面が現れる。作ったファイルを自分のパソコンに保存することもできるが，クラウドに保存すること

表9-1　受講科目と単位数の例

科目名	科目区分	単位数	合計
遠隔学習のためのパソコン活用	放送授業	2	2
問題解決の進め方	放送授業	2	4
初歩からのパソコン	面接授業	1	5
データの分析と知識発見	放送授業	2	7
Rで学ぶ確率統計	面接授業	1	8

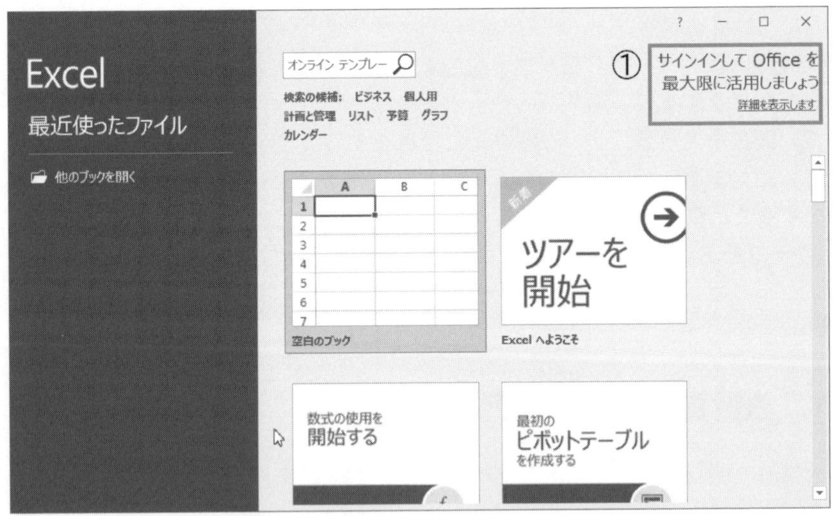

図9-1　Excel 2019起動後の画面（ログインする場合には①をクリックする）

もできる。

Microsoftのアカウントを作成するとクラウド上に5GBまでのファイルを保存することができる（3章参照）。ログインすると図9-2②のようにユーザ名が表示される。

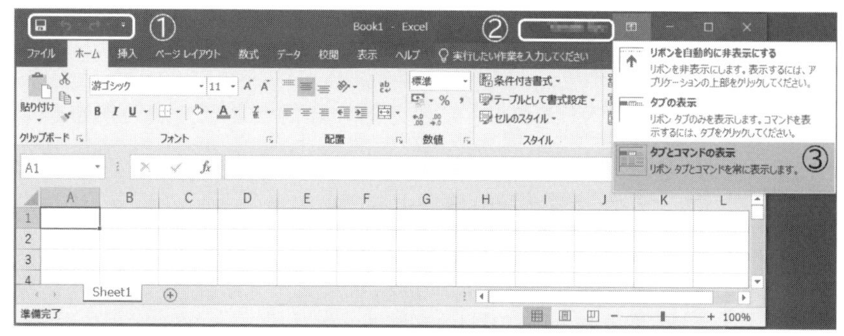

図9-2　起動後のExcelの画面と表示設定

新規でExcelファイル（**ブック**）を作成する場合，用途にあわせた雛形（テンプレート）が用意されているが，ここでは作成する空白のブックを選ぶ。すると図9-2のような画面が現れる。新規に作成する場合には空白のブックを選ぶ。画面左上にはフロッピーディスク（ファイルの保存）や矢印（元に戻す，やり直し），指（タッチ/マウスモード切り替え）のアイコンが並んでいる。これらはよく使うコマンドであり，アイコンをクリックすることでコマンドを実行できる。これを**クイックアクセスツールバー**といい，これらの他にも，よく使うコマンドを自分で登録することもできる。

その下に並ぶ「ファイル」「ホーム」といった文字が並んでいる。この部分を**リボン**という。リボンは，「ファイル」や「ホーム」といったごとにグループに分かれている。この「ファイル」「ホーム」のことを**タブ**という。リボンの表示方法は3種類あり，図9-2③に示すように「リボンの表示オプション」ボタンをクリックすることで切りかえることができる。この章では，「タブとコマンドの表示」をクリックし，コマンドが表示された状態（図9-3①）で説明を進める。

2. セルへの入力

表計算ソフトは図9-3のように長方形の升目が並び，表の形をしている。升目に数値や文字を入力する。この長方形の升目のことを**セル**(Cell)という。セルは値などを格納する最小の単位として扱い，1つのセルに複数の要素を入力することはしない。

シートにおいて，横の並びを**行**，縦の並びのことを**列**という。行を表す番号として，1，2，3，…という数値が，列を表すラベルとしてA，B，C，…という文字が使われる（Zの後はAA，AB，…，ZZと2文字となり，その後はAAA，と3桁になる）。セルの位置はこの列と行を用いてA1番地やC2番地と表される。

実際に文字を入力しよう。表示されたセルの中で，ある特定のセルにマウスを移動しクリックすると，そのセルだけ少し太い線で囲まれ，そ

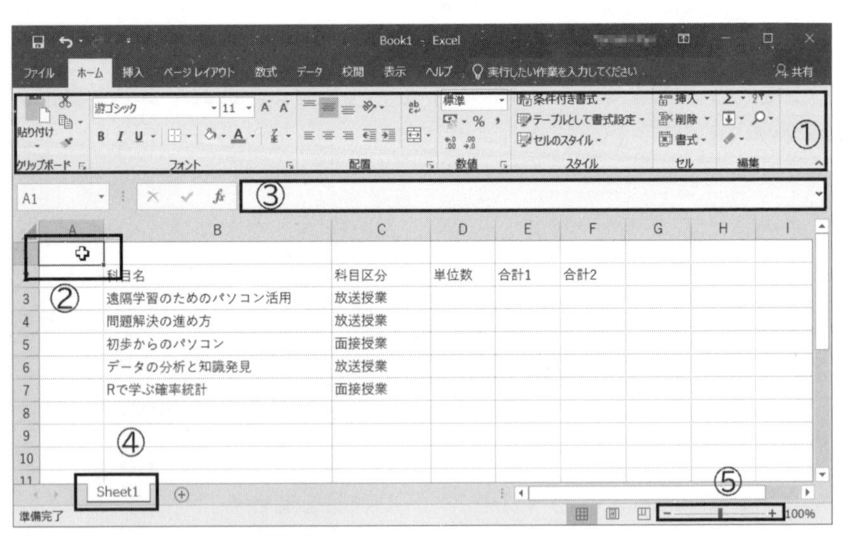

図9-3　Excel 2019の画面

のセルの行と列の文字が他の行や列とは別の色よりも濃く表示される。この状態のことを「セルが**アクティブである**」といい，そのセルのことを**アクティブセル**という。アクティブセルの右下には黒い■が表示されている（図9-3②）。

入力の例として，A1というセルに「1/1」という文字を入力してみよう。A1というセルをクリックして，半角で「1」，「/」，「1」と連続して入力する。入力すると数式バー（図9-3③）には「1/1」という文字が表示される。その後，Enterキーを押すと，A1には「1月1日」という文字が表示され，アクティブセルがA2のセルに移動する。もう一度A1セルをクリックし，数式バーを見ると，「2020/1/1」と表示される（2020年は入力した年を表している）。A1のセルの内容を編集したい場合には，A1のセルをダブルクリックするか（カーソルIが点滅する），数式バー内の編集したい場所をクリックし編集する。

この例が示すように表計算ソフトで入力された値はそのまま表示されるわけではない。セルの値は，2020年1月1日（執筆時）であり，2020年が省略され，1月1日と表示されている。セルには，入力された値だけでなく，そのデータの特徴を示す性質が含まれている。データの特性のことを**プロパティ**（Property）という。

画面左下を見ると，「Sheet1」というタブが見える（図9-3④）。升目が並んだ一枚の表を**スプレッドシート**（Spread Sheet）または**シート**（Sheet）という。シートは＋ボタンを押すことによって増やすことができ，1つのファイルは1枚または複数枚のシートからなる。そこで，Excelではこのシートの集まりを**ブック**（Book）と呼ぶ。表示倍率を変更する場合には，ウィンドウの右下にある**ズームスライダーを**操作する（図9-3⑤）。

分数「1/2」と入力したい場合は，A1セルをクリックしてバックス

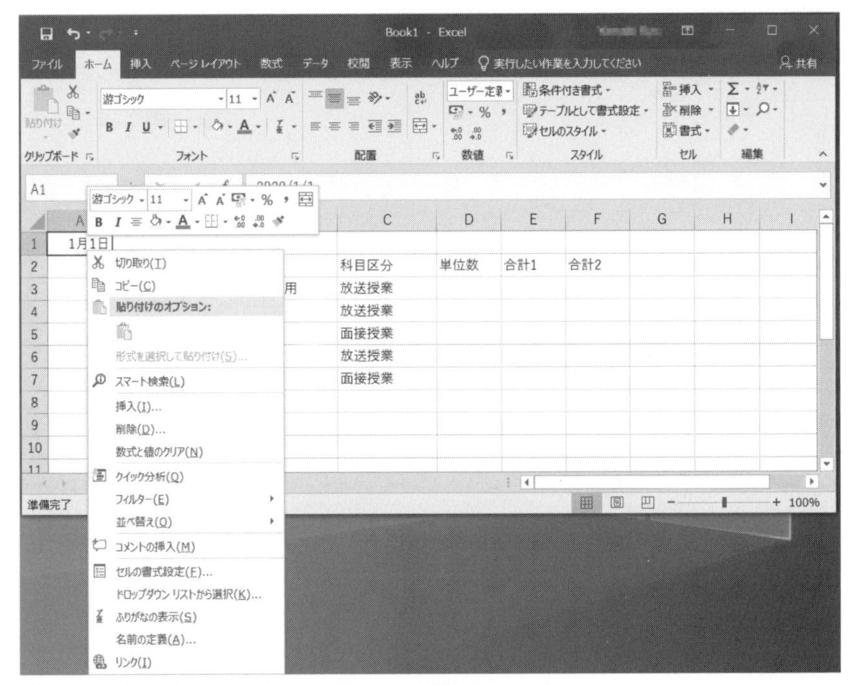

図9-4　右クリックによるメニューの表示

ペースで値を消した後に，セルの書式設定で分数を選ぶ。その後「1」「/」「2」と入力する。このように，それぞれのセルにはどんなデータかを表す特性を設定することができる。自分の意図通り表示された場合にも，一度確認してみるとよい。

また，セルの書式設定では，セルの特性を表す「表示形式」だけではなく，「配置」，「罫線」，「フォント」，「パターン」といった特徴を指定することができる。「配置」では文字の配置や，セルの幅よりも文が長い場合などに折り返して表示するかといった設定を行う。また複数のセルを選択してセルを結合するという時に用いる。「罫線」ではそこのセ

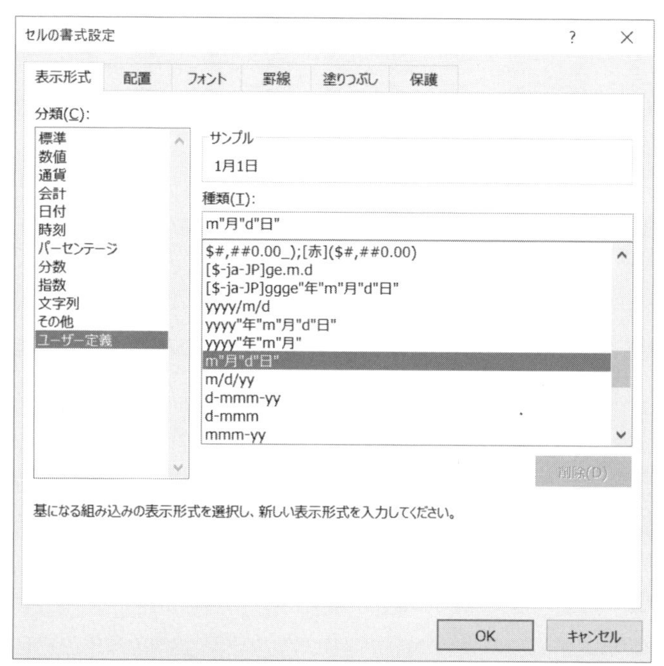

図9-5　セルの書式設定

ルの縁に罫線を引くかどうかを指定する。画面上には，セルごとに薄い線が引かれているが，これはセルを区別するために引かれているだけであり，印刷した場合にはこの区切りの線は印刷されない。線を引いたものを印刷したい場合には，罫線のタブで選択する。

行や列全体について，その特性を変更することもできる。行の番号である「1」や「2」という文字をクリックすると，その行の全てがアクティブな状態になる。この段階で右クリックからメニューを表示し，行全体の特性を定めることができる。また，ある範囲のものだけを選びたいという場合は，選びたい四隅のセルで，マウスをクリックしたら，そのままドラッグして範囲を指定する。その後，右クリックでメニューを表示し，その範囲全体について書式を設定することができる。

3. 数式の入力とオートフィル

実際に文字を入力していこう。図9-6のように文字を入力する。列の幅が狭い場合，マウスを「A」や「B」の間のように行や列の境界に移動する。するとカーソルが といった形状に変化する。この状態でマウスをドラッグして行や列の幅を変更することができる。または，Bという文字をクリックし列Bを選択してから右クリックで表示されるメニューから列の幅を選ぶと幅を変更することができる。「単位数」の部分は半角数字で入力する。列Eと列Fにはどちらも合計と記入する。合計について，2つの方法で単位の合計を計算する。

まず，E3番地に数式を入力して，1つ目の単位数である2を表示する

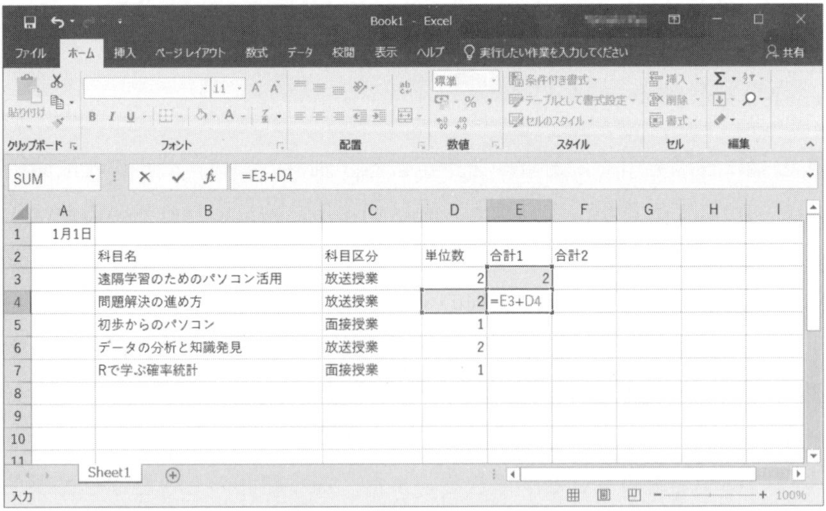
Book1 - Excel
ファイル
ホーム
挿入
ページレイアウト
数式
データ
校閲
表示
ヘルプ
実行したい作業を入力してください
共有
貼り付け
11
標準
条件付き書式
テーブルとして書式設定
セルのスタイル
挿入
削除
書式
クリップボード
フォント
配置
数値
スタイル
セル
編集
SUM
=E3+D4
A B C D E F G H I
1 1月1日
2 科目名 科目区分 単位数 合計1 合計2
3 遠隔学習のためのパソコン活用 放送授業 2 2
4 問題解決の進め方 放送授業 2 =E3+D4
5 初歩からのパソコン 面接授業 1
6 データの分析と知識発見 放送授業 2
7 Rで学ぶ確率統計 面接授業 1
Sheet1
入力
100%

図9-6　数式の入力

ことを考える。式を入力する場合には，まず「＝」を記入し，「＝D3」と入力する。これはD3番地のセルに入力された値であるということを意味しており，結果2と表示される。このように，セルへの入力には，具体的な値と数式の2種類がある。事前に数式を入れておくことで，必要なセルに値が入力された段階で，自動的に値が計算されるようにできる。続いて，E4番地には，「＝E3＋D4」を入力する。すると，3と表示される。「＋」「－」「＊」「/」が四則演算を意味している。数式はセルを含まなくてもよい。例えば「＝2＊3」とすれば6と計算される。また，単に文字列として「＝2＊3」を表示したい場合には，「‘＝2＊3」と入力する。

次に，E5番地に式を入力しよう。先ほど集計したE4番地の値に，さらに3つ目の単位数であるD5を計算して欲しいので，「＝E4＋D5」と入力すればよい。ただ，全てのセルに自分で式を入力するのは大変である。「自分のセルの上にあるセルの値と左にあるセルの値を足す」というルールを下側の全てのセルに対して入力したい。そこで，E4番地のセルをクリックした状態で，アクティブセルの右下の■の部分にマウスを合わせる。すると，マウスのカーソルが＋となるので，この状態マウスをクリックし，図9-7に示すように下向きにドラッグしていく。E10までドラッグすると，E5には，「＝E4＋D5」が，E6では「＝E5＋D6」の計算がされる。このようにセルの右下にある**フィルハンドル**と呼ばれる■を操作し，同じ規則に従う式のコピーや日付の増減などを，隣り合うセルに対して連続的に行うことをオートフィルという。この振る舞いついて考えてみよう。

E4番地のセルをクリックし，右クリックしてメニューを表示，「コピー（C)」を選び左クリックし，次にE5に移動し左クリックした後，右クリックから貼り付けの中でも一番左にある，「貼り付け（P)」を選

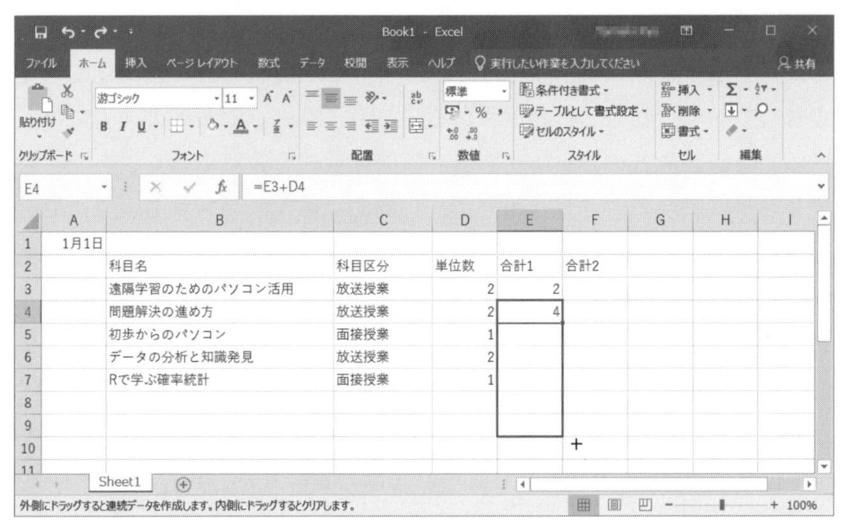

図9-7　オートフィル

択し，左クリックで決定する。

この時，E5番地に貼り付けられる数式は「＝E3+D4」の行番号がそれぞれ1つずつ増えて，「＝E4+D5」と表示される。つまり，E4番地の数式をそのままコピーするのではなく，「一つ上にあるセルと1つ左にあるセルの値を足し合わせる」というルールがコピーされたことになる。

E4番地の数式をF4にコピーすると，「＝E3+D4」では，「＝F3+E4」となる。このように，貼り付けられる場所に合わせて式が変化する。この「一つ上と1つ左隣」という状況は対象となるセルが，起点となるセルからどの位置にあるかによって変化する。このように，対象となるセルが起点となるセルに合わせて相対的に決まることから，これを**相対参照**という。

4. 関数と絶対参照

この合計部分を別の方法で計算してみよう。単位数はD3+D4+D5というようにD3から下に足していっても求めることができる。このように，同じD行のD3番地から同じ行番号の部分までD列の値を順に足し合わせても求めることができる。

表計算ソフトにはよく用いられる計算について，あらかじめ関数が用意されており，それを組み合わせて利用することでより複雑な計算もできる。例えばあるセルから別の番地のセル値を合計する時には,「SUM」という関数を利用する。関数において，計算に必要な情報を引数という。引数を（）の中に記入し,「関数名（引数1，引数2)」という形で用いる。

例えば，D3番地からD5番地までの値を合計したものを計算してF5

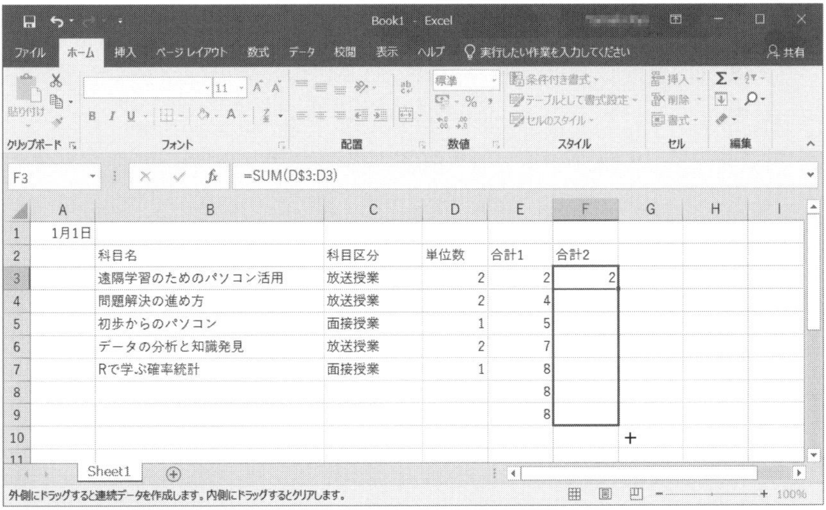

図9-8　関数と参照

番地に表示する場合には，F5番地に「＝SUM（D3:D5)」と入力する。

前節と同様に，F3番地に数式を入れたら，その後，他のセルに対してはオートフィルを用いることを考えよう。このとき，F3番地はD3番地からD3番地までの和（すなわちD3番地の値のみ)，F4番地にはD3番地からD4番地までの和を計算したい。ここで，もしF3番地に「＝SUM（D3:D3)」と入力し，これをF4番地にコピーすると，「＝SUM（D4:D4)」とどちらもD4と変化してしまう。実際には，最初の引数であるD3の3は固定し，2つ目の引数であるD4の4だけが順次変更することが望ましい。3行目の3を固定したいという場合には，その3の前[1]に「$」という記号を加え，F3番地に，「＝SUM（D$3:D3)」と記入し，これをコピーしてF4に貼りつけると「＝SUM（D$3:D4)」となる。このように，$を加えると行については，貼り付けられる場所が変わっても変化しなくなる。この参照のことを**絶対参照**（この場合，**行絶対参照**）という。行と列を両方固定した参照を**絶対参照**といい，行と列のどちらかが相対参照の場合，**複合参照**という。

このように表計算では，それぞれのセルについての文字列や計算式を入力し，様々な計算を行う。似た特徴を持つセルについては，コピーや貼り付け，さらにはオートフィルの機能を用いることで，連続して値を入力することができる。

最後に，入力が完成したら，これを保存しておこう。画面左上にある「ファイル」の部分をクリックして，「名前を付けて保存」を選択して保存する（図9-9)。サインインしている場合には，図9-9①の部分にメールアドレスが，図9-9②にアカウント名が表示される。

5. まとめ

表計算ソフトの基本的な操作の仕方について説明した。表計算ソフト

1) 列を固定したい場合は「$D3」のように列番号の前に「$」の記号を加える。

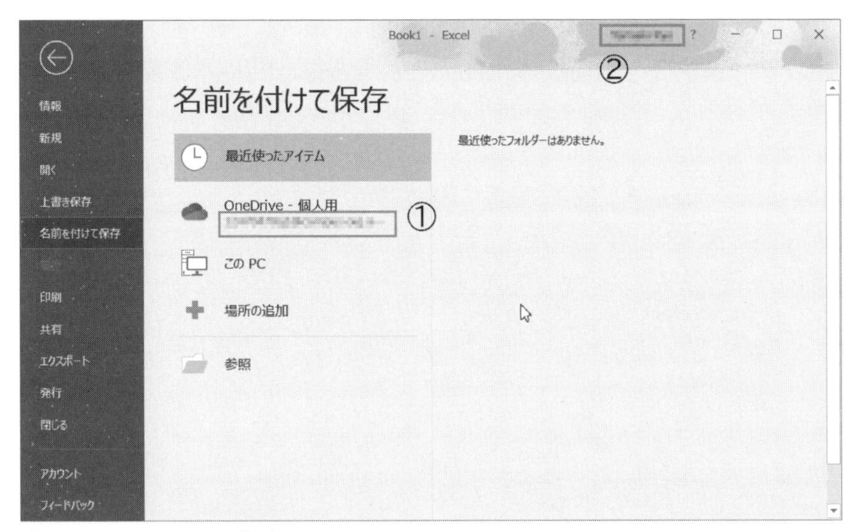

図9-9　ファイルの保存

では，セルに式や値を入力する。そのとき，入力した値がそのまま表示されるのではなく，セルの値にはその値の持つ書式が設定されていた。今回の例題で扱った例のように，コンピュータが類推して設定した書式のままでうまく計算することができることもあるが，きちんと確認するようにしよう。

もう一つの特徴は，直感的な操作で計算を行うことができることである。直感的な処理を行うために，大量のコピーや貼り付けという操作をドラッグだけで行うことができること，さらには，入力したセルの場所に応じて自動的にセルの番号が書き換わるという特徴があった。

今回作成した表は完成品でなく，単位数が放送授業か面接授業かに合わせて自動で計算されるようにしたり，放送授業か面接授業かという項目もリストから選べるようにしたりするという工夫が考えられる。

条件に合わせて異なった値を出力するためにIFという関数を用いて

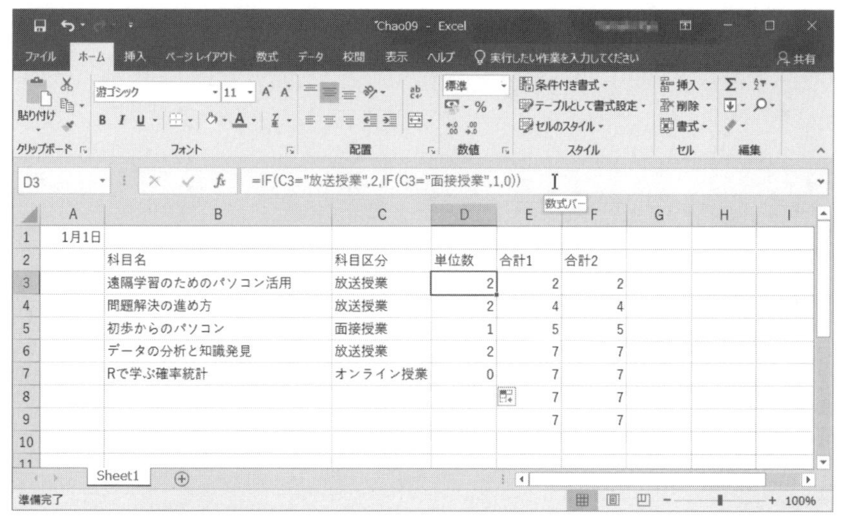

図9−10　IF関数の利用

みよう。

D3番地に，「IF（C3＝” 放送授業”，2，1)」と入力してみよう。最初のカンマ（,）以前の部分は「C3という値が放送授業と等しいか場合」という条件を意味している。文字と等しいかどうかという場合には，文字を引用部「”」で囲む。その条件が等しい場合の値がカンマの後の2，IFは正しい場合とそうでない場合の2択であり，正しい場合以外は，カンマの後の値（1）を取ることになる。

さらに，最後の1の部分をもう1段階分岐させて，

＝IF（C3＝” 放送授業”，2，　IF（C3＝” 面接授業”，1，0))

とすると，放送授業であれば2，面接授業であれば1，空欄などそれ以外の場合は0というようになる。このように関数を利用すると大規模な表を作成する際の手間を省くことができる。

こうした表作成の機能だけでなく，表計算ソフトには分析ツールも含

まれている。例えば，「データ」の項目にある「フィルター」を利用すると，ある条件に合うものだけを取り出すことができる。このように，Excelなどの表計算ソフトは非常に多機能である。仕事や学習において一度用いた経験があれば，そのファイルを修正して，他の場面に適応することもできる。また，関数などの使い方については，付属のヘルプを使って学びながら用いることができる。まずは基本的な使い方を覚え，複雑な機能やその操作方法については，徐々に利用しながら覚えていけばよいだろう。

参考文献

[1]　『最新情報リテラシー第3版』久野靖，辰己丈夫，佐藤義弘監修（日経BPソフトプレス）2010年

[2]　『MOS Excel 2010』エディフィストラーニング株式会社（翔泳社）2011年

[3]　『やさしいITパスポート講座』高橋麻奈（ソフトバンククリエイティブ）2011年

演習問題

【問題】

ある人が自分の利用するメディアについて，一日当たりの平均利用時間を求めてみたら，次のような形であったとしよう。ただし単位は分であるとする。

インターネット	165分
テレビ	75分
ラジオ	60分
新聞	30分

そして利用の割合を，表計算ソフトを用いて求めた。その操作について述べた次の文の空欄に入るものとして適切なものを選べ。ただし，1行目のA～Cは列の番号を1列目の1～5は行の番号を表すものとする。

最初に表を元に次のように値を入力した。ここで，B1からB5の特性は「数値」を選び，C1からC5までのセルの書式としては「パーセンテージ」を選び，小数第0位まで表示することとした。

	A	B	C
1	インターネット	165	
2	テレビ	75	
3	ラジオ	60	
4	新聞	30	
5	合計		

B5には［(1)］と入力した。次に，C1の所に［(2)］を入力した。オートフィルを利用して，C1の数式をC2からC5へと張り付けた。そ

の結果，次のような表が得られた。

	A	B	C
1	インターネット	165	50 %
2	テレビ	75	23 %
3	ラジオ	60	18 %
4	新聞	30	9 %
5	合計	330	100 %

(1)

①B1＋B2＋B3＋B4　　②＝SUM（B1:B4)

③＝AVERAGE（B1:B4)　　④＝COUNT（B1:B4)

(2)

①＝B1/B5　　②＝B$1/B5　　③＝B1/$B5　　④＝B1/B$5

解答

(1)　②　(2) ④

①は「＝」がないのが間違い。②AVERAGEは平均を，COUNTは個数を数える関数。

(2)　ここはオートフィルを利用するというところがポイント。C2からC5へとコピーするたびにB1が順にB2，B3へと変化し，B5もB6，B7へと変化していく。そこで，5行目を固定するのであれば，B$5と入力する。

10　図表作成の技法

秋光　淳生

《ポイント》　グラフを作成することで，データの特徴を視覚的に捉えることができる。グラフには様々な種類がある。大切なことは，目的に適した種類を選び，必要な要素を含んだグラフを作成することである。この章では，代表的なグラフの種類について説明し，グラフに必要な要素とその追加の方法について述べる。

《学習目標》　(1) 円グラフや棒グラフといった代表的なグラフの特性を説明することができる。

(2) 表計算ソフトを用いてグラフを作成することができる。

(3) グラフのタイトルや軸ラベル，凡例などグラフに必要な要素を追加することができる。

《キーワード》　円グラフ，棒グラフ，折れ線グラフ，散布図

1. グラフの作成手順とグラフの要素

グラフを作成する手順を示すために，次のような例を考えよう。ある人が1週間に自分が利用したメディアについての利用時間を調べたとする。その値を表計算ソフトを通じて集計することを考える。図10-1に示すように，セルA列と1行目に必要な項目を入力し，B2からH5までに値を入力する。

合計や平均利用時間は関数とオートフィルを用いる。セルB6に「＝SUM（B2:B5)」と入力し，オートフィルでC6からH6までコピーする。平均利用時間はI2番地のセルに「＝AVERAGE（B2:H2)」と入力し，

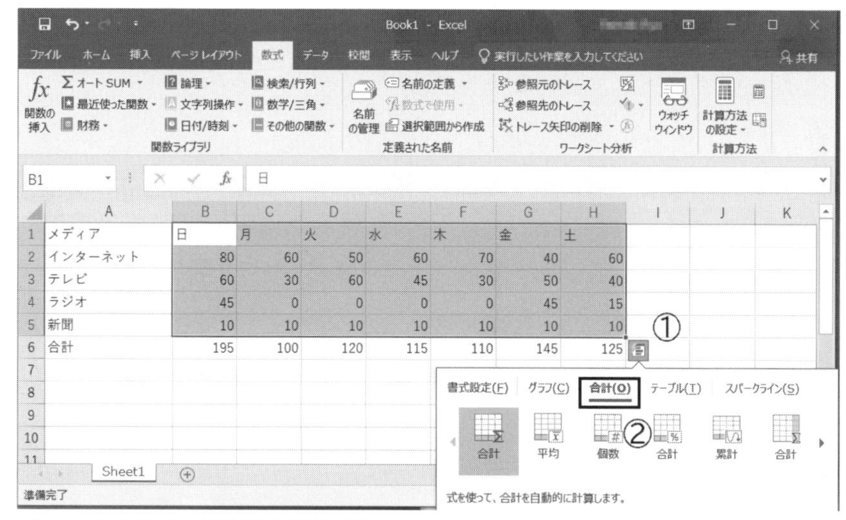

図10-1　メディア利用時間の例

表10-1　平均利用時間の例

メディアの種類	平均利用時間
インターネット	60分
テレビ	45分
ラジオ	15分
新聞	10分
合計	130分

I3番地からI5番地にオートフィルでコピーする。

その結果，表10-1を得ることができる。

表計算ソフトで集計や分析を行う場合には，まずドラッグやクリックによって，ある範囲のセルを選択する。その後，リボンの中のアイコン

図10-2　挿入タブ

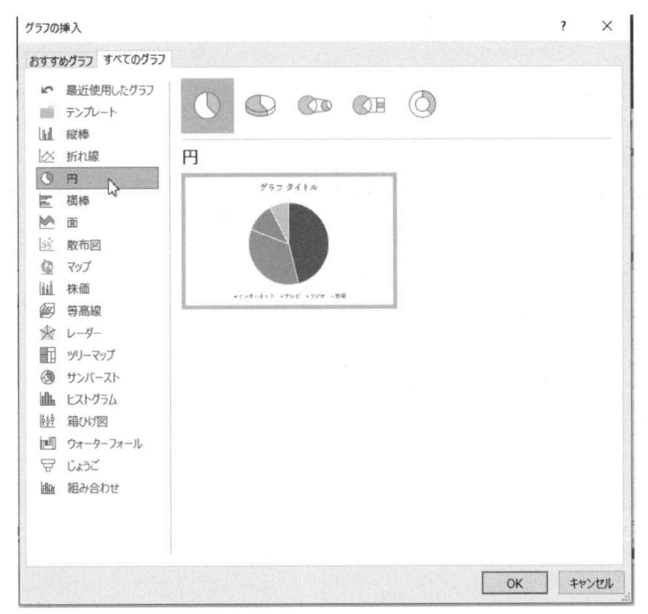

図10-3　すべてのグラフ

や右クリックによって表示されるメニューから，行いたい作業を選択する。Excelでは連続した範囲を選択すると図10-1①に示すように右下にアイコンが表示される。アイコンをクリックすると，その範囲に対して行う分析メニューが現れる。合計（図10-1②）を選択すると，その範囲の分析に選択したすべての列についての合計や，すべての行についての平均を計算することができる。

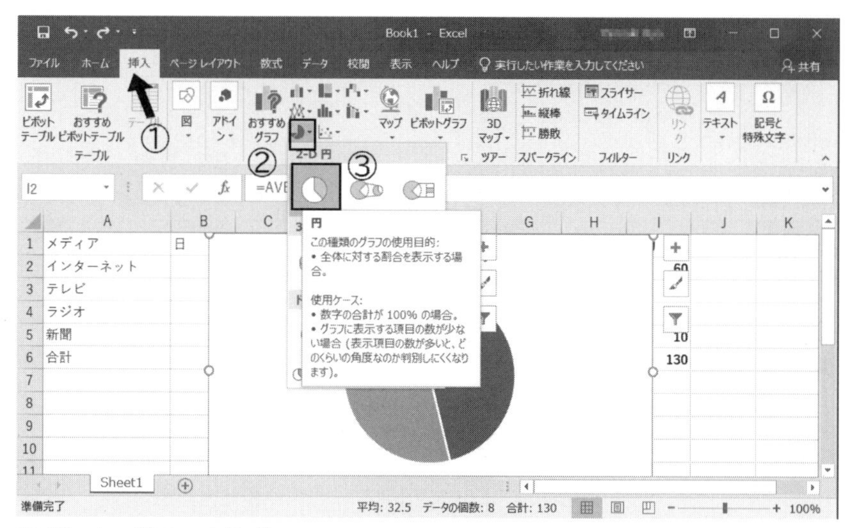

図10-4　グラフの作成

次にグラフを作成する。グラフ作成に必要な部分を選択する。今回はセルA2からA5とセルI2からI5を選択する。離れた所を選択する場合には，A2からA5をドラッグした後，Ctrl キーを押し，押したままI2からI5までドラッグする。選択したら「挿入」タブを開く（図10-2）。

「グラフ」グループには代表的なグラフのアイコンが並んでいる。右側にある　アイコンをクリックするとすべてのグラフが表示される（図10-3）。

グラフは図の種類に応じて階層化されて表示される。「円」のグループの中にある「円」を選ぶ。

よく用いられるグラフについては「グラフ」グループにアイコンとして並んでいる。円グラフのアイコン（図10-4②）をクリックし，表示される種類の中から1つを選びクリックする（図10-4③）。

グラフが作られると，リボンの部分に，「デザイン」タブが表示され

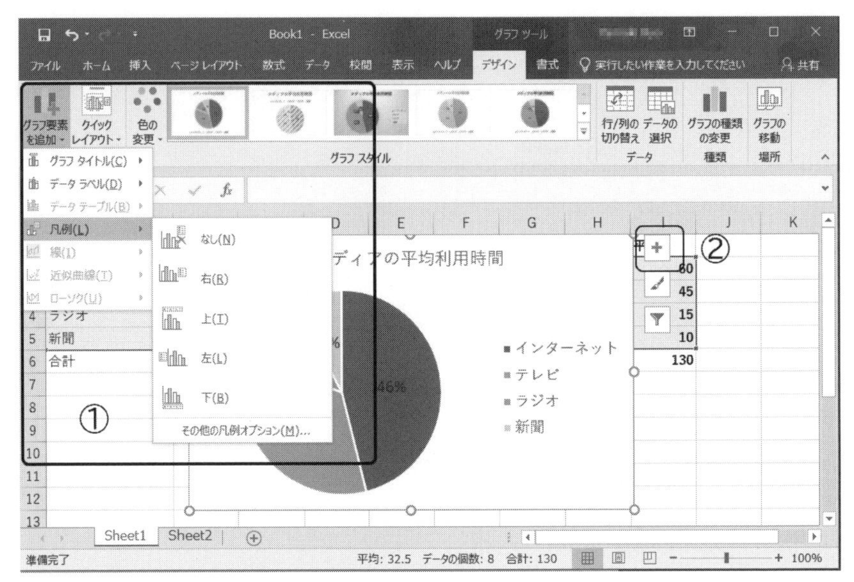

図10-5　デザインタブ

る（図10-5）。デザインタブでは必要なグラフ要素を追加するなどのグラフの編集を行う。あらかじめ用意された「グラフスタイル」やグラフの「クイックレイアウト」でグラフ要素の有無や配置を選ぶ。グラフの要素については，個別にグラフ要素を選んで追加することもできる（図10-5①または図10-5②）。

2. 円グラフ

作成されたグラフは白丸（○）で囲まれている。この白丸を操作ハンドルという。操作ハンドルで囲まれた部分が作成されたグラフの領域であり，これを**グラフエリア**（図10-6①）という。操作ハンドルにカーソルを合わせるとカーソルの形が矢印に変わる。そこでマウスをドラッ

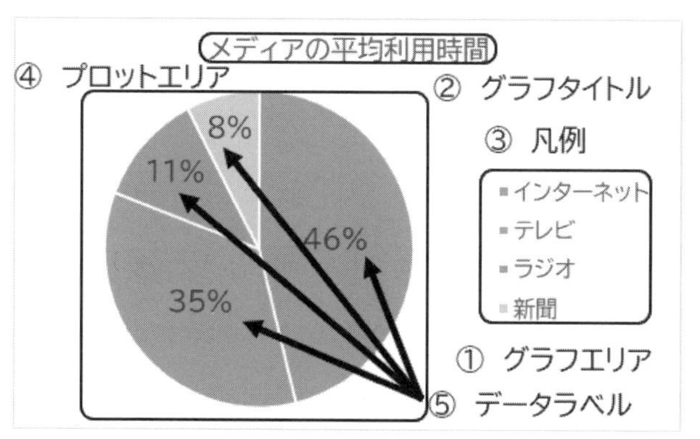

図10-6　円グラフとその要素

グすると，グラフエリアの大きさを変更することができる。

グラフエリア上部に表示されたものを**グラフタイトル**（図10-6②）という。グラフタイトルには，そのグラフが何を表しているのかを簡潔に記述する。グラフタイトルを2回クリックすると，タイトル内でカーソルが点滅するので，タイトルを入力する。タイトルのつけ方には，データを理解するために必要な情報を提供するもの（この章の図）とグラフの特徴を表したものの2種類がある。ただし，レポートを作成する場合には，この印刷教材のように，グラフタイトルのない図を作成し，本文中に図表番号をつけたタイトルを書くこともある。

この円グラフではインターネットと60分，テレビと45分がグループとなっている。グラフにおいて同じ色などで表示されるグループを**データ系列**という。今回の場合は系列数が1のデータ系列である。グラフ内の線や点など，データ系列について説明したものを**凡例**という（図10-6③）。グラフエリア内でタイトルや凡例などではなく，グラフ自体が描かれている部分を**プロットエリア**という（図10-6④）。グラフに表示されたデータの値を**データラベル**という（図10-6⑤）。

表10-2　メディアの利用時間の例

メディアの種類	A	B
インターネット	60分	110分
テレビ	45分	100分
ラジオ	15分	25分
新聞	10分	15分

グラフにおいて，表示される順番はセルの順I2からI5に対応している。円グラフを作成するときには，値の大きい順や年代順など，表を作る段階で意図を持ってセルの順番を決めて並べておく必要がある。

円グラフはデータの割合を表したものである。全体を一つの円としたとき，円の面積や円周の長さがそれぞれの割合に対応する。先ほどの例で示したように，表計算ソフトが，実際の平均利用時間から構成比を計算しグラフを作成する。円グラフは，内訳をひと目で見て状況の概要を理解することができるが，項目数が多くなると個々の値を比較するのが難しい。その場合は棒グラフを利用したほうがわかりやすい。

円グラフは一つの事柄について内訳を表しているが，複数の項目について，その構成比率を比較するということはできない。例えば，AとBのメディアの平均利用時間が表10-2のように得られたときに，この構成の比率を比較することを考えてみよう。

同じ円の形を利用しながら複数の項目を比較するためのグラフが**ドーナツグラフ**である。グラフの作成手順は，入力後必要なセルの範囲を選び，「挿入」タブの中から円グラフの中にあるドーナッツを選択する。出来上がったドーナッツグラフを編集する。「デザイン」タブの横にある「書式」タブを開く。

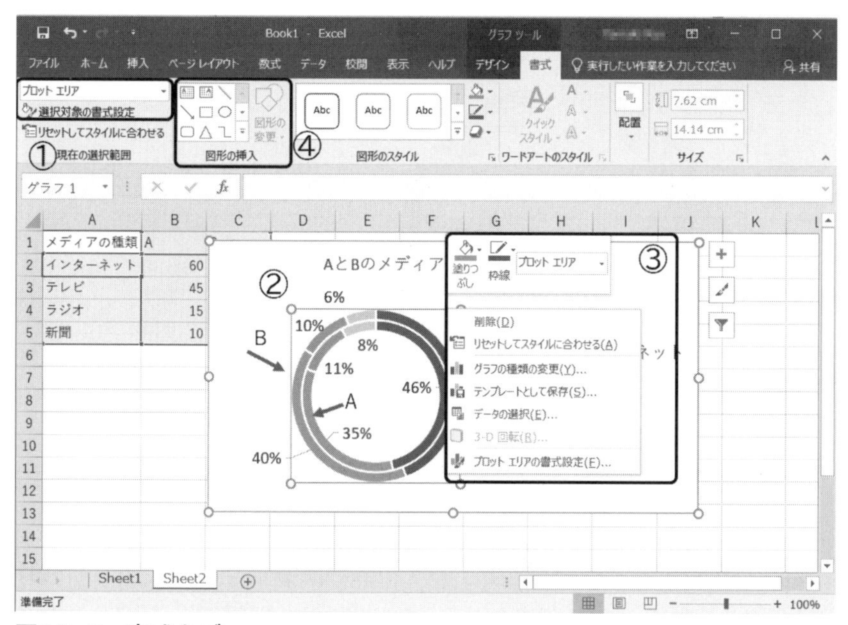

図10-7　書式タブ

書式タブの左上にはできあがったグラフの選択範囲が表示される（図10-7①）。グラフ要素をクリックすると，各要素を選択することができる。どの場所をクリックするのかが難しい時には，ここから要素を選ぶことができる。要素を選択したら，そのグラフ要素にマウスを合わせ右クリックすると，その要素についての編集メニューが表示される。ここで，フォントや書式など詳細な設定を変更することができる。

グラフに矢印やテキストを追加する時には，「図形の挿入」アイコンから追加する。同心円のうち，どちらがA，Bなのかを判断することができるように，矢印と「A」「B」を追加した。その図が図10-8である。

図10-8のように，ドーナッツグラフでは割合の大小が比較しやすく表現されている。この図からBがインターネットやラジオを利用する割

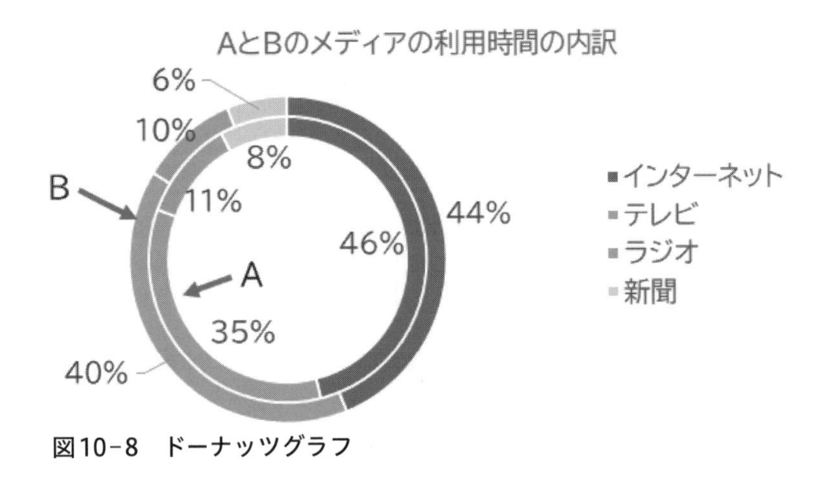

図10-8　ドーナッツグラフ

合は，それぞれ，Aがインターネットやラジオを利用する割合よりも小さいことがわかる。しかし，表10-1からわかるように，実際の利用時間はBの方が長い。AとBではトータルの利用時間が異なるため，割合としては，BはAより小さいが，利用時間が短いのではない。このように，円グラフは割合を表したものであり，実際の利用時間を表現したものではないので値を読み取るときに注意が必要である。

3. 棒グラフ

ドーナツグラフでは，系列が増え，円を何重にも重ねると比較がしにくくなる。値を比較する場合には，扇型よりも長さのほうがわかりやすい。内訳を円ではなく長さで表したものが**帯グラフ**である（図10-9）。Excelでは縦棒，横棒のグループの中に「100％積み上げ縦（横）棒」がある。この場合には4つの系列を持つ2つの棒グラフによって内訳が表現されている。インターネットやテレビごとに4本の棒グラフが現れる時には「デザイン」タブの「データ」グループにある「行/列の切り

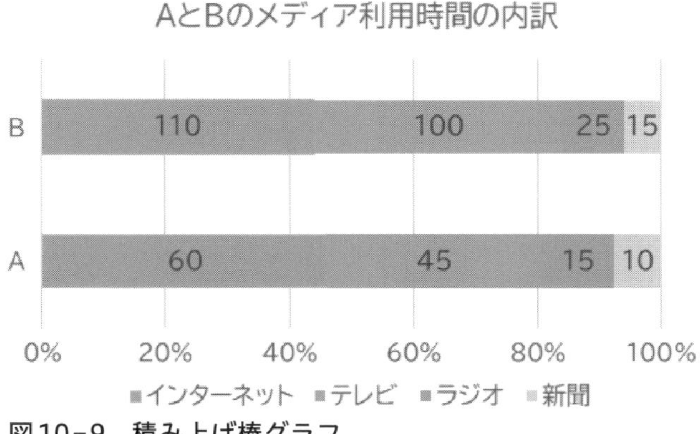

図10-9　積み上げ棒グラフ

替え」ボタンをクリックすると切り替えることができる。

表10-2の利用時間を**棒グラフ**で表してみよう。棒グラフは棒が垂直方向の縦棒グラフと水平方向横棒グラフがある。ここでは縦棒グラフを描くこととする。手順としては円グラフの時と同様に，必要なセルの部分を選択して「挿入」タブから「グラフ」,「縦棒」と進み,「縦棒グラフ」を選択する。すると，図10-10のような棒グラフが描画される。この棒グラフのグラフの要素について見てみよう。この図では，Aとインターネットなどの4つのメディアの利用時間がグループとして同じ色で表されている。系列数が2のデータ系列になっている。系列が1つの場合には凡例を省略する。

グラフにおいて平均利用時間を表している軸を**縦軸**といい，メディアの種類を表している軸を**横軸**という。それぞれの軸が何を表すのかを示した説明を**軸ラベル**という（図10-10①)。数値を表す場合には単位を書く。

棒グラフは値の大きさを長さで表すため，縦軸の値は基本的に0から始まる（図10-10②)。また太さについてはどれも同じにする。

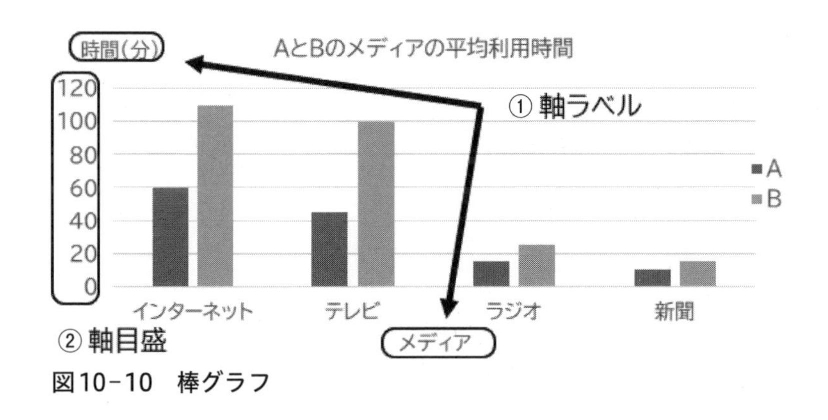

図10-10　棒グラフ

一方，横軸にはインターネットやテレビといったデータの項目が表示されている。これは円グラフと同様に表のセルの順になっている。データを作成する段階で何らかの意図を持って並べておく。大きさに応じて並んでいると比較がしやすい。

4. 折れ線グラフと散布図

その他の代表的なグラフとして折れ線グラフと散布図について述べる。折れ線グラフはデータの値を点で表し，隣り合う点を線で結んだグラフである。折れ線グラフを作成するために次のような例を考えよう。C君は個人でのメディアの利用時間を調べ，次の表10-3に示す結果が得られたとする。

これをもとに作成した折れ線グラフが図10-11である。

折れ線グラフは隣り合う点を先で結んでできている。図10-11からはインターネットの利用時間が年々増加していること，そして，テレビの利用時間が年々減少しているという傾向を読み取ることができる。

折れ線グラフは線で結ぶことによって，時系列の推移の傾向を表す。

表10-3　メディア利用時間推移の例

	14年	15年	16年	17年	18年	19年
インターネット	55分	60分	65分	70分	75分	90分
テレビ	95分	90分	80分	70分	60分	50分

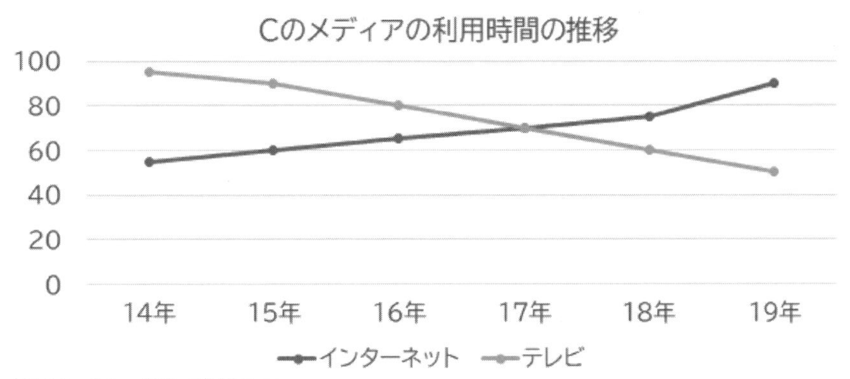

図10-11　折れ線グラフ

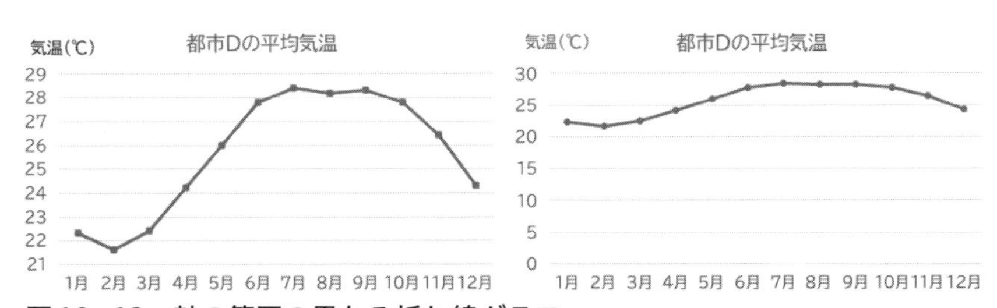

図10-12　軸の範囲の異なる折れ線グラフ

このように，折れ線グラフは線で結ぶことによって，時系列の推移の傾向を表す。そのため横軸の範囲は必ずしも0から始めなければならないわけではない。図10-12はある都市の平均気温を軸の範囲を変えて作成したものである。左の図を見ると，冬が低く夏が高い特徴が見て取れ

表10-4　集団のインターネットとテレビの利用時間の例

	1	2	3	4	5	6	7
インターネット	140	160	75	80	80	105	70
テレビ	75	75	90	95	85	65	95

	8	9	10	11	12	13	14	15	16
インターネット	120	80	125	75	175	140	115	90	120
テレビ	100	80	90	100	50	90	85	90	90

	17	18	19	20	21	22	23	24	25
インターネット	145	95	130	120	80	115	120	100	120
テレビ	50	90	70	80	80	80	100	70	50

るが，右の図を見ると，一年を通してあまり気温に変化がない特徴が見てとれる。このようにグラフを通して伝えたいことに合わせて軸を設定する。どのように変化するのかというデータの特徴に合わせて定める。

散布図は，縦軸と横軸にそれぞれの別のデータ系列を選び，データの関係を点で表したものである。例として，インターネットとテレビの利用時間について25人に聞いたところ表10-4のような結果が得られたとする。

散布図は横軸がインターネットの利用時間，縦軸がテレビの利用時間を表している（図10-13)。この図を見ると，点は左上から右下の部分に散らばっており，インターネットの利用時間が多い人はテレビの利用時間が少ない傾向が見て取れる。このように散布図とは，散らばりや傾向といった2つの項目間にある関係を表現することができる。

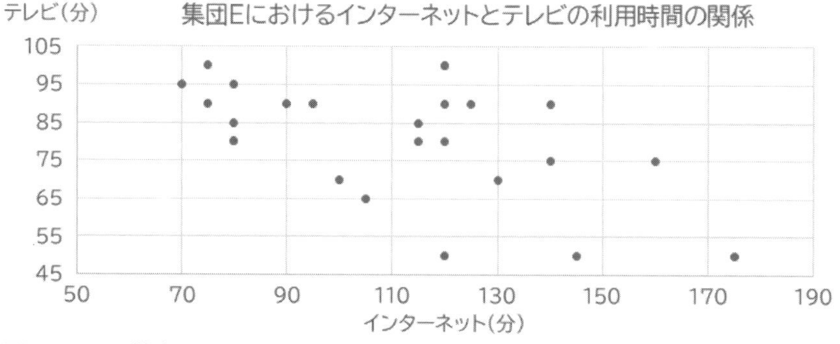

図10-13　散布図

5. まとめ

表計算ソフトを用いたグラフの作成について述べた。データをもとに紙と鉛筆などを使って，手動でグラフを作成するということと比較すれば，表計算ソフトを用いることで，グラフの作成は非常に簡単にできるようになった。そして，多くの色を使い，立体的なグラフを作成することも容易に行うことができる。

グラフを作成することの意味は，データの持つ特徴を目で見ることである。そうすることで，値を見ているだけではわからなかった特徴を発見することもある。しかし，グラフによっては，データの特徴が伝わらないだけでなく，誤ったイメージを伝えてしまうこともあるので注意が必要である。例えば，3次元にすると手前が大きく見える。また色も色使いによっては大きく見える色もある。グラフが何を伝えたいのか理解し，必要な要素を備えたシンプルなグラフを心がけることが大切である。

この章では代表的なグラフの種類と作成の方法，またグラフの要素について説明した。グラフを作成する手順はデータを選び，どのグラフを作成するかを選択することであった。選択の目安として一般に，データをもとに内訳を調べたい場合には円グラフ，値を比較したいという場合には棒グラフ，推移を表したいという場合に折れ線グラフ，そして項目の関係を表す場合には散布図が用いられる。

今回説明した以外にも，レーダーチャートなど表計算ソフトには多くの種類のグラフが用意されている。Excel「ヘルプ」には，それぞれのグラフが一般的にどのような用途で用いられるのかについて説明がある。そうした説明をもとに自分の表したい目的に沿ったグラフを利用しよう。

参考文献

[1] 『グラフで9割だまされる』ニコラス・ストレンジ（ランダムハウス講談社）2008年

[2] 『情報利活用　表計算』株式会社ZUGA（日経BP社）2011年

[3] 国連欧州経済委員会Making Data Meaningful http://www.unece.org/stats/documents/writing/（2020年2月最終アクセス）

演習問題

【問題】

1. 本文中の図10-8，図10-9，図10-10，図10-11，図10-13から読み取れることについて述べた次の文の中で正しいものを1つ選べ。
   ①　図10-8によると，Aが利用するメディアの平均利用時間の中で，新聞が占める割合は，Bよりも小さい。
   ②　図10-9によると，Bの新聞を利用する平均利用時間はAよりも短い。
   ③　図10-10によると，Bがテレビを利用する平均利用時間は80分である。
   ④　図10-11によると，Cがインターネットを利用する平均利用時間は年々減っている。
   ⑤　図10-13によると，テレビを利用する時間は，インターネットを利用する時間が増えるにつれて，減る傾向にある。
2. 自分で使っている表計算ソフトを用いて，本文と同じグラフを作成せよ。また，表10-2について，データを利用時間の小さい順に並び替える方法を調べよ。

解答

1. 正解は⑤。
   ①　Aが8％，Bが6％となっているので，割合は大きい。
   ②　平均利用時間は図10-9からだけでは判断できない。
   ③　グラフから値を読み取ると100分。

④　年々増加している。

2. グラフについては省略。また，並び替えについて，Excelでは「データ」タブの「並び替え」を利用することができる。図10-14のように，並び替えたい部分（この場合には，A2からC5まで）を選択して，「並び替え」の部分を押す。このとき，どの行や列の値を優先して並び替えるのかを指定することができる。最優先するキーとして列Cを指定すると，Bの平均利用時間によって行を並び替えることができる。

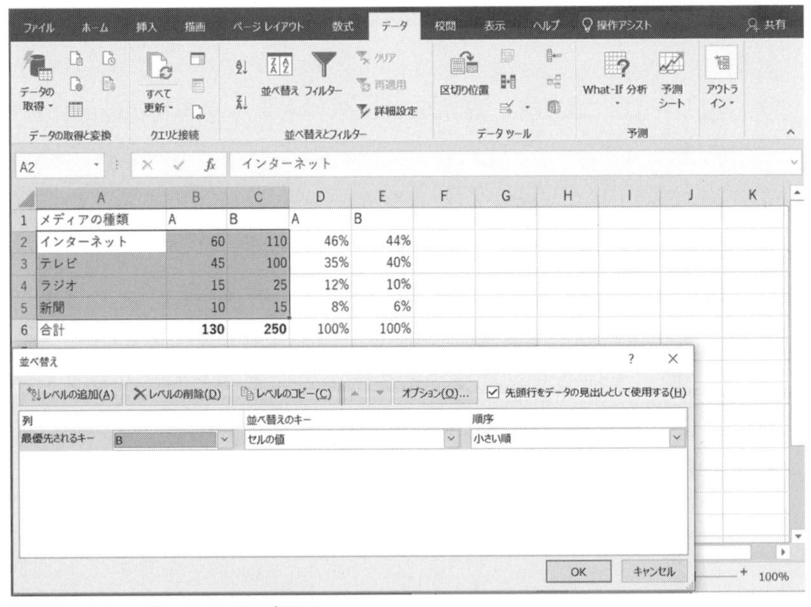

	A	B	C	D	E
1	メディアの種類	A	B	A	B
2	インターネット	60	110	46%	44%
3	テレビ	45	100	35%	40%
4	ラジオ	15	25	12%	10%
5	新聞	10	15	8%	6%
6	合計	130	250	100%	100%

図10-14　データの並び替え

11　文書作成の基本

仁科　エミ

《ポイント》　文書作成ソフトウェアを使うことによって，読みやすいレポートを効率よく作成することができる。さらに，調べた情報や考察など学習の成果を保存し，卒業研究につながる蓄積を作ることもできる。この章では，文書作成ソフトウェアを使ったレポートの書き方や，その際に留意すべき著作権に関する基本的な作法を学ぶ。

《学習目標》（1）文書作成ソフトウェアを起動し，文字を入力してファイルを保存できる。

（2）ファイル内の文章の複写，移動の操作ができる。

（3）著作権について基礎的な理解を持ち，レポートに著作物を引用できる。

《キーワード》　文書作成ソフトウェア，ワープロ，著作権，引用

1. 文書作成ソフトウェア

パソコンの普及によって，私たちが目にする文書の形態も，そして文書・文章の書き方も，大きく変化した。その影響は，レポートの作成，卒業論文の執筆をはじめ，学習の様々な局面に及んでいる。

パソコンの登場以前は，文書を推敲するために，鉛筆と消しゴムを使って何度も文字を消しては書き直し，ハサミとノリなどで紙を切り貼りして文章の入れ替えをし，最後にすべての文字を手書きで読みやすく清書する必要があった。図やグラフをレポートに入れるには，それらを手描きで作成し貼り込まなければならなかった。こうした文書作成の過程では，レポートの内容を脳の中で構築・推敲する時間が圧倒的に長

く，できあがったレポートには内容とともに書き手の筆跡が個性として表現されていたといえる。

それに対して，パソコンを使って文章を入力，保存，編集し，印刷することが容易になった現在では，文字の修正や文章の入れ替えなどをすべてパソコンの画面上で行って，内容の仕上がりをその都度確認することができ，清書の手間を気にせず丹念に推敲を重ねることができる。カラーの図やグラフ，写真などを，パソコンで作成・編集してレポートに取り込み，好みの場所に好みの大きさで配置することができる。手書きでの清書は不要となり，できあがったレポートを市販の印刷物のように美しく読みやすく印刷することもできる。これらによって，レポートの内容を早い段階から客観視し，さらに内容を推敲することが可能になり，一定水準以上の読みやすいレポートを効率的に作成することが容易になった。このようなことを可能にしたのがパソコン，そしてそこに搭載される「文書作成ソフトウェア」である。

文書を作成するための入出力，保存，編集，印字などの機能を備えたパソコン用ソフトウェアを，「文書作成ソフトウェア」「ワードプロセッサー」「ワープロ」などと呼ぶ。コンピューター発明直後からこれを文書作成へ応用することが試みられ，1964 年には米国で世界初のワードプロセッサーが開発された。

アルファベットなど限られた文字を使う英語とは異なり，日本語の文書作成には，「かな」から「漢字」への変換や膨大な漢字数，複雑な書体の印刷といった独特の難しい課題があった。そのため日本では，まず，文書作成機能に特化したいわゆる「ワープロ専用機」が登場し，1970 年代末から普及し始めた。その後，パソコンに漢字処理機能が搭載され，その性能が飛躍的に向上し，現在ではワープロ専用機は販売されておらず，パソコンに搭載された文書作成ソフトウェアが専ら使われている。

2. パソコンを使ったレポート作成の流れ

レポートを作成するには，パソコンを使うか使わないかにかかわらず，与えられたテーマ（主題設定）に対して学習者が自ら問題提起をしたり仮説を立てることが必要となる。そして，それを裏づけるための調査や情報収集，テーマによっては実験などを行い，それらの成果を誰もが納得できるように論理的に記述していくことが求められる。調査や情報収集にパソコンを利用する方法については，本書の第3章，第6章，第7章，第8章ですでに学んだ。また，自分の考えを整理し組み立てたり，目的に応じた文章を書くスキルについては，放送大学基盤科目『日本語リテラシー』[1]，『日本語リテラシー演習』，『日本語アカデミックライティング』[2] などを受講して身につけることを勧める。

ここでは，調査や情報収集が終わりいよいよレポートを執筆する段階を想定して，レポートを効率的に作成する手順を意識しながら，文書作成ソフトウェアの基本的な機能を見てみよう。

まず，パソコンを使った文書作成の典型的な流れを以下に例示する。これらの作業の随所で，作業内容をその都度，保存するとともに内容を見直し，よりよい内容になるように仕上げていく。

1. 文章（文字）を入力する
2. 文書を保存する
3. 文章を編集する（文字の複写，移動，削除など）
4. 図や表を作成して挿入・配置する
5. 文書作成ソフトウェア以外を用いて作成した画像などを挿入する
6. 文字の大きさ，字体などを整える
7. 段落の体裁を整える（中央揃え，右揃え，字下げなど）

8. ページの体裁を整える（余白，ページ番号など）

9. 文書を印刷する

以上はあくまで一例であり，レポートなどの文書を作成する手順は，テーマや領域，あるいは指導者・学習者によって，多様なやり方がある。

3. 文字の入力と保存

文書作成ソフトウェアの1つであるMicrosoft Word 2019を起動すると，Excelとよく似た図11-1のような画面が現れる。新規に文書を作成する場合には，［白紙の文書］を選ぶ。

すると図11-2のような画面が現れる。画面の上の方にあるリボンには，Wordで実現できる様々な機能が表示されているのも，Excelと似ている。

この画面では，カーソルが点滅している位置に，すぐにも文字を入力

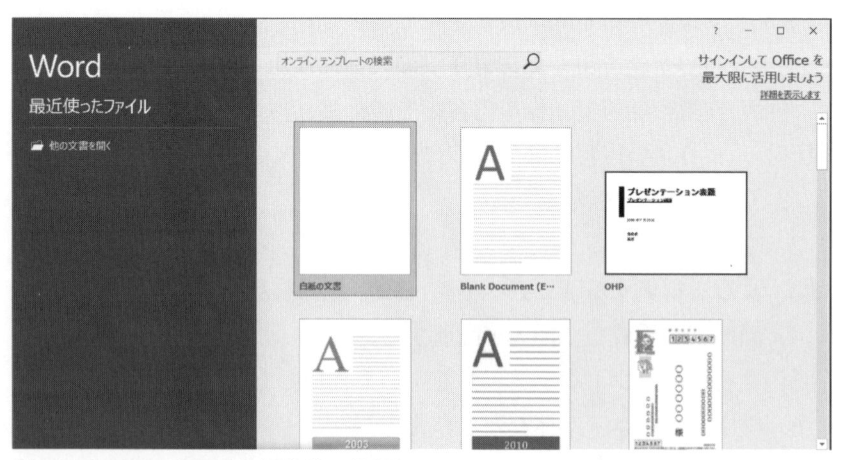

図11-1　Word 2019起動後の画面

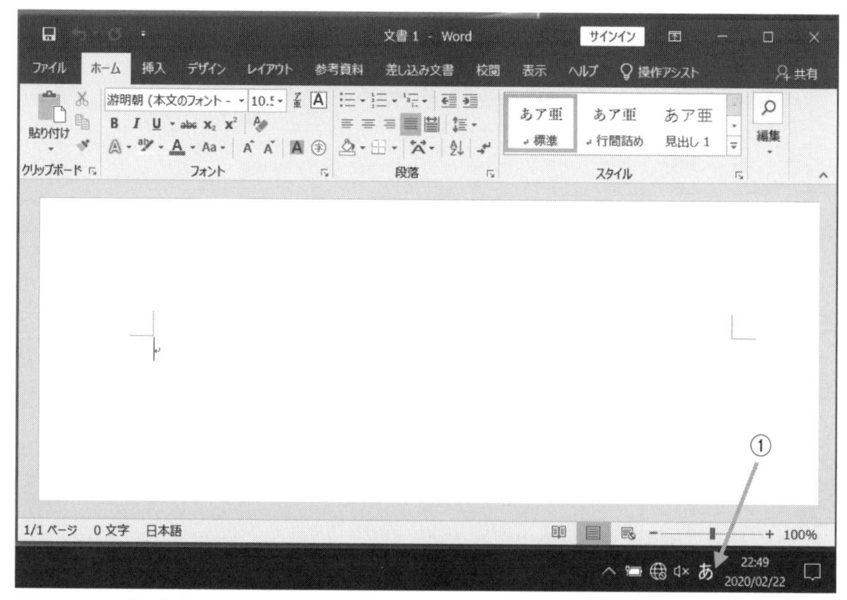

図11-2　起動後のWord 2019の画面と表示設定

することができる。ただし，かな漢字変換を担当する**日本語入力システム**というソフトウェアの設定によっては，日本語入力ができずアルファベットが表示されることがあるので確認しておこう。Windowsの場合，特に設定を変えていなければOSに付随した**Microsoft IME**（Input Method Editor，アイエムイー）という名前のソフトウェアが自動的に起動される。その設定は通常，画面の右下部分に表示されており（図11-2①），ひらがなの「あ」が表示されている時には，全角・ひらがな入力が選択されている。ローマ字表記に従ってキーボードを押すとカーソル位置にひらがなが表示され，スペースバーを押すとかな・漢字変換が行われる。

パソコンのキーボードには，文字入力に使うアルファベット以外に

表11-1　レポートなどでよく使われる記号

記号	名称	用法
・	ナカグロ，中点	単語の並列，カタカナ表記の単語の区切り
.	ピリオド	欧米単語の省略，名前の省略。日本語入力モードでは「。」(句点)
,	コンマ	文章の区切り。日本語入力モードでは「,」「、」(読点)
:	コロン	「すなわち」の意味で使う
;	セミコロン	ピリオドとコンマとの中間的意味。日本語では余り使われない
〈　〉	山かっこ	とくに強調したい特殊な語句を囲む
“　”	引用符	欧文の引用文・引用句
(　)	丸かっこ	補足的な説明
[　]	ブラケット	引用文中への補足・修正

も，様々な記号が表示されている。それらの記号は文書の中で使う際の約束事があるので，その意味を理解して使う必要がある（表11-1）。

文書作成ソフトウェアに限らずパソコンを使って入力した情報は，保存操作をすることなくソフトウェアを終了すると，基本的に消失してしまう。「**保存**」という操作をすることによって，入力した文書をハードディスクに記録して残すことが可能になる。最近では，ソフトウェアによる自動保存機能が向上しているが，それに頼ることなく，作業中はこまめにファイルを保存する習慣をつけておくことが大切になる。

ハードディスクなどの記憶装置に記録されたデータのまとまりを「**ファイル**」と呼ぶ。Wordの文書は，ファイルとして保存される。文書の保存には，文書ファイルに［名前を付けて保存］する場合と，文書ファイルの名前を変更しないで［上書き保存］が適している場合とがある。最初に文書を保存するときや，文書の内容に大きな変更を加えたときは，［名前を付けて保存］を選択する。保存は，作業中にできるだけ高い頻度で行うように心がけよう。

4. 文書の編集

パソコンによる文書作成では，文書をデータの形で保存する。そのため，文章の書き直し，書き足し，順序の入れ替え，削除などの編集作業を，清書の手間を気にすることなく自在に行うことができる。これによって，丹念な推敲を行うことが可能になったばかりではなく，文書・文章の書き方そのものも少なからず変化してきている。

レポートの例でいえば，まずレポートの大まかな流れや目次を箇条書きで入力し，それぞれの項目を膨らませるように文章を書き足し肉付けしてレポートを作っていくという書き方が容易にできる。このやり方では，レポートの全体構成を常に意識するので，構成のしっかりしたレポートを作りやすくなる。

反対に，重要と思われること，書きやすい内容，あるいは使えそうなアイディア，文章などを，順序や構成を気にすることなく入力し，それらを見ながら全体の構成を考え，レポートをまとめていくこともできる。

いずれの場合も，最初から完成度の高い文章を書き下ろす必要がないので，気軽に書き始めることができる。しかも，レポートの内容を早い段階から客観視することが容易になる。つまり，より構成のしっかりした内容の濃いレポートを，より短時間で作成するうえで，パソコンの活用はとても効果的といえる。

こうした文書の編集段階で，文書作成ソフトウェアが特に威力を発揮するのは，いったん入力した文章をまとめて複写（コピー）したり，別の場所に移動させて挿入したり，削除する操作が容易にできることにある。パソコンでは，1つの操作を実現するために複数の方法が用意されていることが珍しくない。文章の**複写**（もとの文章に影響を及ぼすことなく選択した文章を別の場所に複写する。「コピー&ペースト」とも呼ぶ）を行う場合も，いくつかの方法がある。

（a） 主にリボン上のボタンを使う方法

複写したい文字列をマウスで選択したうえで（図11-3①），リボンに含まれる［ホーム］タブ（図11-3②）をマウスでクリックして選び，その中の［**クリップボード**］グループに含まれている［コピー］ボタン（図11-3③）をクリックする。すると，選択した文字列がクリップボードと呼ばれるパソコン上のデータの一時保管場所に格納される。カーソルを，その文字列を貼り付けたい位置に移動させ，［クリップボード］グループの中の［貼り付け］ボタン（図11-3④）をクリックすると，その文字列が貼り付けられる。

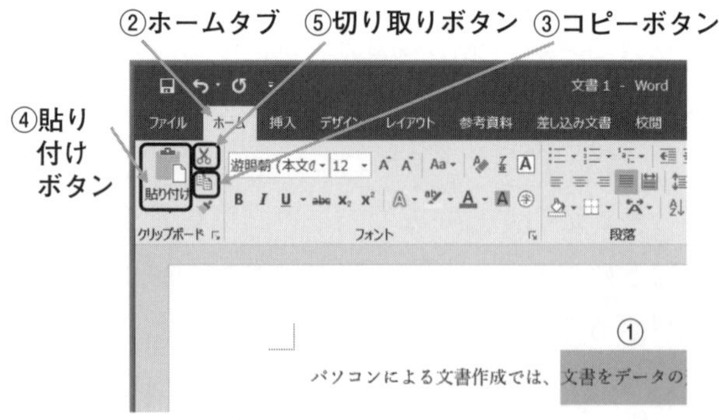

図11-3　クリップボードを使った文字列の複写・移動の方法

（b）主にキーボードを使う方法

複写したい文字列をマウスで選択したうえで，Ctrl キーを押しながら C キーを押す。その文字列を貼り付けたい位置にカーソルを移動させ，Ctrl キーを押しながら V キーを押すと，選択した文章がカーソルの位置に複写・挿入される。

（c）主にマウスを使う方法

複写したい文字列をマウス等で選択したうえで（図11-3①），Ctrl キーを押しながらその文字列を貼り付けたい位置までドラッグし，ドロップする。

あるいは，マウスを使って文字列を選択した後，マウスを右クリックすると開くダイアログボックスで［コピー］を選ぶ。その文字列を貼り付けたい位置にカーソルを置き，マウスを右クリックして［貼り付けのオプション］で［元の書式を保持］を押す。

文字，文章，段落などを丸ごと別の場所に**移動**するには，次のような操作を行う。

（a）主にリボン上のボタンを使う方法

移動したい文字列をマウスで選択したうえで，［クリップボード］グループの［切り取り］ボタン（図11-3⑤）をクリックする。カーソルを，その文字列を移動させたい位置に置き，［クリップボード］グループの中の［貼り付け］ボタン（図11-3④）をクリックする。

（b）主にキーボードを使う方法

移動したい文字列をマウス等で選択したうえで，Ctrl キーを押しながら X キーを押す。すると，もとの文字列がいったん消える。カーソルを，その文字列を貼り付けたい位置に移動させ，Ctrl キーを押しながら V キーを押すと，選択した文章がカーソルの位置に移動して表示される。

(c) 主にマウスを使う方法

移動したい文字列をマウスで選択したうえで，その文字列を移動させたい位置までドラッグし，ドロップする。複写と同じように，マウスの右クリックを使う方法もある。

5. 著作権とは

パソコンを使うことによって，文章の複写や編集が容易になる。これは大変便利なことであると同時に，すでに公表されている他の人が書いた論文やデータを取り扱ううえでの知識を持っていないと，誤って「盗用」や「剽窃(ひょうせつ)」をしてしまうおそれがある。そこで，他人の著作物をレポートの中で取り扱う場合の基本的なルールと方法を整理しておこう。

わが国の著作権法の定義によれば，「**著作物**」とは，「思想又は感情を創作的に表現したものであって，文芸，学術，美術又は音楽の範囲に属するもの」(著作権法第二条一項一号) をいう。レポートに関連が深い著作物の実例として，論文，著書，講演，小説，脚本，Webサイトに掲載されている文章，パソコンなどのプログラムなどが挙げられる。文章だけでなく，音楽，舞踊，美術 (絵画，版画，彫刻，美術工芸品など)，図形 (地図・図面など)，建築，写真，映画，ビデオ，テレビ，ゲーム，コンピューターなどの画面表示などの非言語情報も，著作物である。

知的な創作活動によってこれらの著作物を創り出した人々には，それが「他人に無断で使用されない権利」すなわち「**知的財産権** (知的所有権)」が付与されている。著作物に対する知的財産権を「著作権」という。特許権などの「産業財産権」とは異なり，著作物には「申請」「登録」といった手続きは不要で，著作物が作られた時点で権利が付与されると考えられている。

しかし，レポートや論文の中でこれらの著作物を取り扱うたびに著者の許諾を得ることは，不可能に近い。そこで，著作権法では，一定の例外を設けて著作権者の許諾を得ることなく著作物を利用できることを定めている。教育機関におけるレポートでの著作物の利用も，その例外に含まれる。さらに，著作権法では「公表された著作物は，引用して利用することができる。この場合において，その引用は，公正な慣行に合致するものであり，かつ，報道，批評，研究その他の引用の目的上正当な範囲内で行なわれるものでなければならない」（著作権法第三十二条）と定めている。したがって，レポートの中で著作物を取り扱う場合には，その著作物を引用する必然性があり，また自分の著作物が主体であって引用する著作物が従であるなど，公正な慣行に合致する適切な「引用」でなければならない。さらに，利用にあたっては，引用部分とそれ以外とが明確に区別されていること，引用元を改変しないこと，出典を明示することなどが必要になる。

なお，私たちを取り巻くメディア環境の急速な変化に対応して，著作権に関わる法制度の内容も変化を遂げつつある。特に，インターネットを介して不特定多数の相手に情報を発信する（これを「公衆送信」という）場合の著作物の取り扱いについては，その時点での最新の情報を調べ，それに従うようにしよう。

6. 引用のルール

それでは適切な引用の方法とは，具体的にはどのようなものだろうか。「引用」とは「自分の説のよりどころとして他の文章や事例または古人の語を引くこと」（広辞苑）をいう。「レポート」も著作物であり，すでに存在している著作物をただつなぎ合わせただけでは，レポートとはいいがたい。つまり，レポートの中では，他人の著作物と自分自身の考えや立論とをはっきり区別し，それが誰にでもわかるように明瞭に区別して示されている必要がある。そのための約束事，作法の概要を説明する。

レポートでの引用の対象には，論文・著書など公刊された印刷物ばかりでなく，Web上に公表されている文章なども含まれる。文章を引用する場合は，短いもの（おおむね2行以下）は，「　」を用いて改行せずに段落の中に入れ，その出典を後に説明する方法で表示し，そのリストをレポート末尾に「参考文献」「引用文献」「文献」などとして明記する。

例1：

> 2010年に実施されたNHKの「国民生活時間調査」の結果をもとに，前回調査に比べてインターネット利用が増大した背景として，諸藤らは，「利用できるサービスや機器が普及したこと」，そして，「より『楽しめる』機能が充実して，インターネットの日常的な娯楽としての役割が強まった」[3] ことを指摘している。

引用する文章の中にカギかっこ（「　」）が含まれている場合は，引用文中では二重カギかっこ（『　』）にする。それに対して，引用が3行以上の長さにわたる場合は，いったん改行し，引用文の前後に1行分の改行，左側に2文字程度の字下げをして引用するのが一般的といえる。

例2：

> 諸藤らは，2010年に実施されたNHKの「国民生活時間調査」の結果をもとに，次のように述べている。
>
> > 今回，インターネット利用が時間量も含めて大きく変化した背景について，利用できるサービスや機器が普及したことに加

えて，より「楽しめる」機能が充実して，インターネットの日常的な娯楽としての役割が強まったことが考えられる（諸藤・渡辺，2011）。

以上のように，2005年から2010年におよぶインターネットの利用状況の進展は著しい。

引用に際しては，もともとの文章を正確に引用することが重要であり，送り仮名や句読点も著者などが記載した通りに引用する。誰かが引用した文章をそのまま引用すること（孫引き）は避け，できるだけ原典から引用する。もし原典に明らかな誤植が含まれている場合には，「明らかな誤解り（ママ）が見られる」というように，「(ママ)」という文字を小さく入れて，それが原典の記載のままであることを示すとよい。

文章の出典をレポートの中に表示するには，いくつかの方法がある。それらの方法は領域や執筆者によっていろいろなスタイルがあるものの，大きく2つの書式に分類できる。

（a）　通し番号で表示する方式

引用した文章の末尾に［1］や1などの数字を［上付き］で表示する。p.204の例1はこの方式で表記してある。この方式で出典を表示する場合は，レポートの末尾に掲載する「文献リスト」では，文献に本文中の数字と対応する通し番号を付け，引用した文献等をレポート中に出てきた順序で記載する必要がある。本章末の文献リストはこの方式に対応させて記載している。

引用番号を上付き文字として表示するためには，普通に入力したその数字をマウスで選択して，［ホーム］タブの［フォント］グループの中の上付きボタン（図11-4）を押す。すると，マウスで選択した文字が

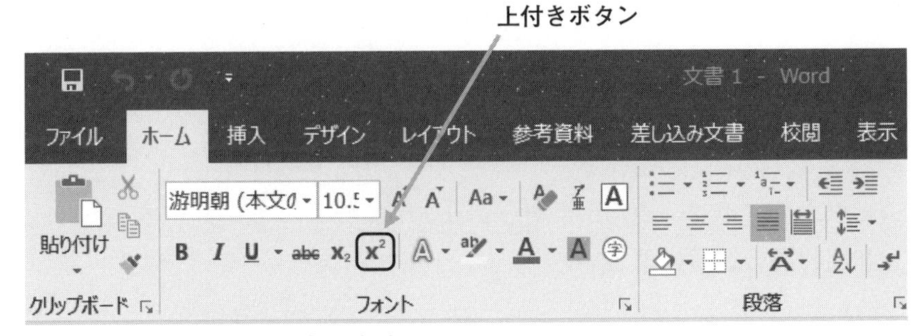

図11−4　上付き文字の表示方法

上付き表示される。

（b）　著者名と出版年を表示する方式

引用した文章の末尾に，その文章の著者名と出版年を，丸かっこを使って記載する。p.204の例2はこの方式で表記した。出版年を記載するのは，同一著者による文献などが複数，レポートの中で引用される場合に参照できるようにするためである。

この方式で出典を表示する場合は，参考文献に通し番号をつける必要はない。文献は，レポート中での登場順ではなく，著者の名字の五十音順ないしアルファベット順で配列する。本書第12章末の文献リストはこの方式で記載した。いずれの方法をとるにしても，レポートの中では，出典の表示は統一的に示される必要がある。

著作物は，文章だけではない。図，表，写真なども著作物である。したがって，それらをレポートに引用する際にも，出典を明記する必要がある。引用文献と対応させた以下のような方法のいずれかをとるのが一般的といえる。

- 図表，写真などの表題の末尾に，文献リストと対応させた番号を上付き文字で入れる。

・図表，写真などの表題の末尾に，著者名と年号を丸かっこにくくって入れる。
・図表，写真などの空白部分に，著者名，年号などを入れる（引用した図表，写真の改変にならないように注意）。

言い換えると，こうした出典の表示がない図表，写真は，レポートの執筆者が作成したものとみなされる。ちなみに，図や写真の表題は図の下に，表の表題は表の上部に表示する。

7. 引用・参考文献リストの表記の仕方

レポートで引用したり参考にした文献・図表などは，レポートの最後に「引用文献」「参考文献」などとしてまとめてリストとして記載する。

文献の表記は，文献の巻末にある「奥付」（著者，出版社，出版年などを記した部分）を見て正確に表記する。そのために，文献を複写する場合は，奥付のページも一緒にコピーしておく習慣をつけるとよい。洋書の場合は，和書の奥付に当たる部分が「扉」（書名や著者などを記した最初のページ）の裏側にあることが多い。

引用した文書のページの示し方には，「130～133ページ」，「pp.130-133」（1ページのみの場合は「p.130」），「130-133」などの書式がある。いずれでもよいが，レポート中で統一されている必要がある。

最近は，インターネット上の文章をレポートで引用することも増えてきた。これらを引用する場合は，その文書の著者，文書名，公表機関（公表者）に加えて，そのURL（インターネット上の所在情報）と閲覧日を記載する。閲覧日を記載するのは，インターネット上の情報が頻繁に更新されたり，削除されることがあるからである。

参考文献の代表的な書式を表11-2にまとめた。これらの項目の順序

表11-2　参考文献の代表的な書式例

		代表的な書式
和書	単行本	著者『書名』，出版地：出版社，出版年，引用頁数
	翻訳書	原著者『書名（和文）』，翻訳者，出版地：出版社，出版年，引用頁数
	雑誌掲載記事・論文	著者「論文・記事名」，『雑誌名』巻番号，出版社，出版年，頁
	新聞記事	新聞記事著者（執筆者不明の場合は不要）「記事名」，『新聞名』，朝夕刊，版（地方版名など），発行年月日，発行地：発行機関，面（社会面，4面など）
	論文集に含まれる論文	著者「論文名」，編者『書名』，出版地：出版社，出版年，掲載頁。
	辞典の項目	著者（執筆者不明の場合は不要）「項目名」，『辞典名』，版次・巻次，出版地：出版社，出版年，掲載頁
Web	Web上の文書	著者・公表機関（公表者）「文書名」，URL（http://www.＊＊＊＊＊＊＊＊＊＊＊＊＊＊＊＊），（閲覧日：年月日）
	Web上の記載	著者（執筆者不明の場合は不要）「記事名など」，URL，（閲覧日：年月日）。
	辞典辞書	著者（執筆者不明の場合は不要）「項目名」，『辞典名』，版次，出版地：出版社，Web版，URL，（閲覧日：年月日）

は著者によって異なることがあり，出版地が省略されることもある。書籍・論文全体を参考にしている場合は，ページ数は記載しない。

日頃の学習の中でいろいろな文献の情報をパソコンに入力して保存しておく場合には，いずれレポートや論文を執筆する際にこのような文献リストを作成する必要が生じることを念頭に置き，文章等を正確に入力するとともに，必ずその文献の著者名，書名・論文名，雑誌名と巻号，出版年，出版社・出版地，その文章が記載されていたページなどの情報を合わせて入力しておくようにしよう。

8. 不慮の事故を避けるために

文書作成ソフトウェアで作成した文書ファイルの数が増えていくと，どの文書ファイルにどのような内容が含まれているか，また最新のファイルはどれか，などがわからなくなるおそれがある。こうした混乱を避けるためには，適切なファイル名をつけることが重要になる。ファイル名に日付や時間を入れることも，文書の管理に役立つ。

また，自分の操作の誤りによってファイルを消してしまったり，上書きするつもりのなかったファイルに上書きしてしまうことも起こり得る。したがって，ファイル操作は慎重に行うとともに，作業中はこまめにファイルを保存し，不慮の事故に備える心がけが大切になる。

さらに，ハードディスクに保存されているファイルの一部が損傷を受けて，ファイルが開けなくなることもたまに起こる。ハードディスクが故障してすべてのファイルを読み出せなくなったり，パソコンが故障して起動しなくなるような事故もないとはいえない。

そこで，日頃からファイルの複製（コピー）を別の記録媒体上にも保存しておき，たとえそのファイルやハードディスクに問題が生じてもデータを復旧できるように備えておく必要がある。これを「**バックアップ**」という。パソコンを頻繁に使うようになったら，すべてのファイルのバックアップを，通常使っているものとは別の記録媒体（ハードディスクなど）やクラウド（OneDriveなど）上に定期的に作成する習慣を持つことも大切といえる。

なお，文書は完成したときに印刷するだけでなく，完成前であっても折々に印刷しておくと，パソコンやファイルに問題が発生したときの復旧に役立つ。同時に，文書の全体像を把握するうえでも効果が大きい。

9. まとめ

文書作成ソフトウェアを使う利点や，文書作成の流れの例を説明し，ソフトウェアの起動方法，画面の構成，複写や移動などの編集機能について説明した。市販の文書作成ソフトウェアには様々な機能が盛り込まれており，それらのすべてを一度に習得することは難しい。しかし，文書作成に必要な機能から少しずつ身につけていけば十分なので，安心してほしい。

また，レポートを書くときに大切な引用と文献のルールについても概説した。レポートに限らず，他の人の知的生産物を適切に取り扱うことは，学習・研究の基礎として大切な作法でもある。ぜひ身につけたい。

引用・参考文献

[1] 『日本語リテラシー』滝浦真人（放送大学教材（東京：放送大学教育振興会））2021 年
[2] 『日本語アカデミックライティング』滝浦真人，草光俊雄（放送大学教材（東京：放送大学教育振興会））2017 年
[3] 「生活時間調査からみたメディア利用の現状と変化」，『放送研究と調査』諸藤絵美，渡辺洋子（東京：NHK 出版，pp.48-57）2011 年6月号

演習問題

【問題】

文書作成ソフトウェアを起動し，本章の《ポイント》の文章を入力し，「第11章のポイント」という名前を付けて保存せよ。

解答

本書20～24ページ，196～199ページを参照して起動，入力，保存を行う。

12 文書作成の技法

仁科　エミ

《ポイント》 文書作成ソフトウェアを活用することによって，文書の体裁を整えたり，図表・画像の組み込み，変更履歴やコメントの記入，目次や索引の作成が容易になる。よりよいレポートを効率的に作成し，遠隔指導を受けるうえで効果的な文書作成ソフトウェアの活用技法を学ぶ。
《学習目標》（1）文書作成における書式の意義を理解し，本文や見出しの書式を整えることができる。
（2）文書ファイルの中に，他のソフトウェアで作成した画像などを組み込むことができる。
（3）校正機能，変更履歴，コメント機能など，学習に役立つ文書作成ソフトウェアの機能を理解し，使うことができる。
《キーワード》 文書作成ソフトウェア，書式，図表，画像，変更履歴

1．読みやすさに関わる文書の書式

レポートなどの文書は，見た目がきれいで整っていることよりも，そこに書かれている内容（文字情報）の方が重要であることはいうまでもない。しかし，形式や体裁を整えることによって，レポートの中身が格段によいものになることがある。特に文書作成ソフトウェアを使うと，文書の書式を整えることによってレポート全体を自分で客観視してその構成を把握しやすくなり，よりよい構成に練り直すことが容易になる。図，グラフ，写真をレポートに盛り込むことは，考察を深めて内容の説得力を増すきっかけにもなる。そこで今回はそのための基礎的な技法を

学ぶ。

レポートに限らず文章の読みやすさは，その構成の示し方によるところが大きいことはいうまでもない。例えば，レポートでは，「序論・本論・結論」，「目的，方法，結果，考察，結論」などの構成を具えていることが求められる。こうした構成を明瞭に示すために，いくつかの「章」を設定し，さらにその中をいくつかの「節」に分け，それぞれに表題をつける。また，「節」の中でも，論理が展開する箇所，記述内容が大きく変わる箇所，節が長くなりすぎる場合などには，「段落」を変える。段落の変わり目は，「改行」と冒頭の文字の1文字下げで示す。

さらに，1つの文章の構造が複雑すぎないこと，文章が長すぎないこと，難しい言葉を使いすぎないこと，過度な修飾語がないこと，適切な場所に読点が打たれていること，誤字脱字がないことなども，読みやすくわかりやすいレポートの文体として重要な点といえる。

文書作成ソフトウェアを使ったレポート作成では，字体の選択，文字の大きさ，行間隔や余白の設定などの書式も，読みやすさに大きく影響する。レポート用紙や原稿用紙に手書きで書く場合とは異なり，パソコンでレポートを書き，印刷して提出する場合は，多くの場合，白紙に印刷することになるので書式の自由度が大きい。そうした書式についても配慮しよう。

なお，ここに示すのはあくまで書式の一例であり，レポートでは必ずこの書式をとらなければならない，ということではない。しかし，書式についてあれこれ迷ったり試行錯誤するよりは，一般的な書式でまずレポートを作成し，そうした経験を通じて自分に合った書式を時間をかけて作っていくことを，特にパソコンの初心者には勧めたい。それによって，レポートの形式に心をわずらわされることなく，内容そのものに集中できることを期待するからである。

2. 本文の書式の整え方

文書作成ソフトウェアでは，本文を構成する文字の字体と大きさ，行間などが，文書の読みやすさに大きく影響する。書式は，それぞれ汎用性の高いものが初期設定されている。Word 2019の初期設定では，「游明朝」という**字体**（フォント）が自動的に選択され，文字の大きさは「10.5ポイント」に設定されている。明朝体は私たちがよく目にする一般的な字体で，レポートの本文の記述に使う字体として適切なものの1つといえる。10.5ポイントという文字の大きさは，本文の文字としては最低限の大きさといえ，それ以上文字を小さくすると読みにくくなる。レポートでの本文の文字の大きさは，書き手・読み手の好みはあるものの，10.5ポイントから12ポイント程度に設定することが多い。文字に関するこれらの設定は，［ホーム］タブの中の［**フォント**］グループに表示されている（図12-1)。［フォント］グループの右下にある矢印（図12-1①）をクリックすると，フォントのダイアログボックス（図12-1②）が開き，現在の設定が表示される。それぞれの表示の横にある▼印（図12-1③）をクリックすると，より詳しい設定を確認したり，それを変更することができる。

行と行との間隔，つまり「**行間**」は，Wordの初期設定では1行取りになっている。これ以上，行間を狭くすると，読みにくくなる場合が多い。行間についての設定は，［ホーム］タブの中の［**段落**］グループに表示されている（図12-2)。［段落］グループの右下にある矢印をクリックして段落のダイアログボックスを開くと，現在の設定（図12-2①）を確認・変更することができる。

［段落］グループには，文字列の**左揃え**（図12-2②），**中央揃え**（図12-2③），**右揃え**（図12-2④）などの機能がある。これらのボタンを

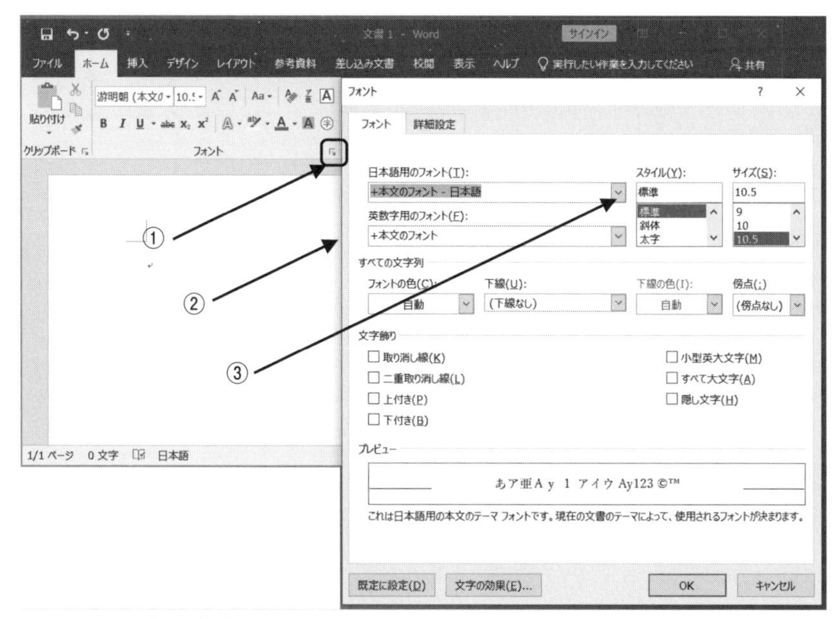

図12-1　文字の字体と大きさの設定

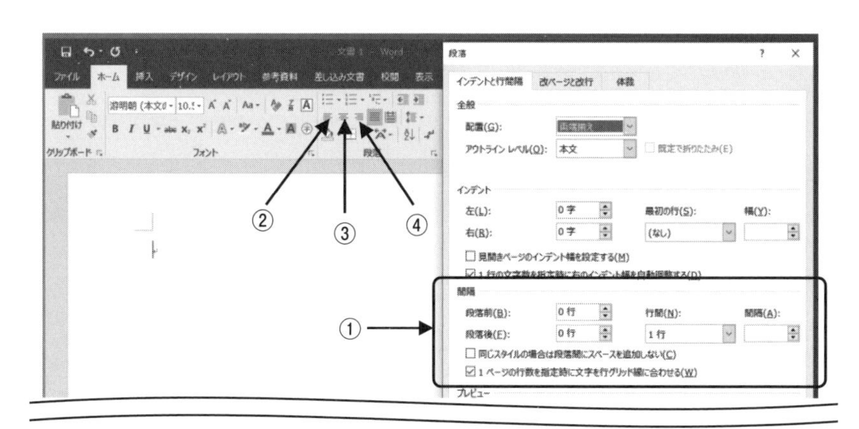

図12-2　段落と行間の設定

マウスでクリックすると，そのときカーソルがある段落の文字列が，中央揃えになったり，右揃えになったりする。これらの機能は，レポートの表題を行の中心に配置したり，氏名を右揃えにする際などに使う。

3. 見出しの表現方法とページの書式

本文に比べると，章や節の表題，見出しの文字はより大きく，より強調されている方が読みやすく，レポートの構成を直感的に把握しやすい。文書作成ソフトウェアではそうした文字の体裁を容易に整えることができる。

見出しの文字の大きさは，本文の文字の大きさよりも1～2ポイント大きくすると見やすい。字体を変えることも有効となる。例えば，本文の字体が明朝体ならば，見出しの字体をゴシック体にすると目立つ。

同じ字体であっても，「**太字**（ボールド体）」にすることによって，その文字を強調することができる。太字，斜体，下線などの文字の設定を，［ホーム］タブの中の［フォント］グループ（図12–3）から設定できる。**太字**（ボールド）（図12–3①），**斜体**（イタリック）（図12–3②），

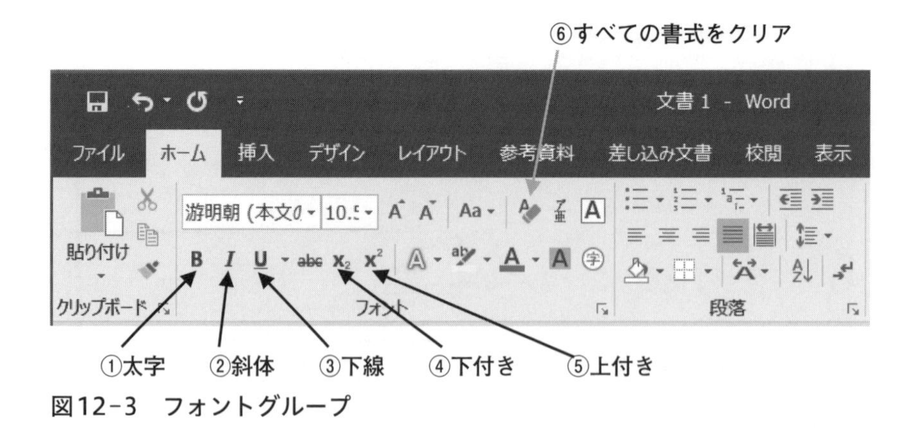

図12–3　フォントグループ

下線（図12-3③）のほか，下付き（図12-3④），上付き（図12-3⑤）といった文字飾り用の機能が用意されている。太字（ボールド）は，見出しなどを強調する際に，斜体（イタリック）は英文書籍の書名を表示するときなどに使われる。また，文字の色を変えたり，ルビを振ったり，囲み線，囲い文字などを表示させせることもできる。マウスポインタを［フォント］グループの各々のボタンに合わせると，各々の機能の説明が表示される。書式を設定したい文字列をマウスを使って選択してからこれらのボタンを押すと，太字等に変換される。文書作成ソフトウェアでは，実際の仕上がりとほとんど同じ見栄えで画面上に表示されるので，印刷をしなくてもその効果をある程度確認することができる。消しゴムマークの［すべての書式をクリア］（図12-3⑥）を押すとそれらの操作は取り消すことができるので，いろいろ試してみよう。

ページの**余白**はWordの初期設定では，上35 mm，下30 mm，左30 mm，右30 mmに設定されている。余白の設定を確認するには，［レイアウト］タブ（図12-4①）の中にある［余白］（図12-4②）をクリックし，一番下に表示される［ユーザー設定の余白］（図12-4③）をクリックすると，余白を変更するウィンドウが開く。

各ページに通し番号（**ページ番号**）を入力すると，複数ページにわたる文書の順序の混乱を避けることができるので，レポートには必ずページ番号を入れるようにしたい。ページ番号を入れるには，［挿入］タブ（図12-5①）をクリックし，［ヘッダーとフッター］グループの中の［ページ番号］（図12-5②）を押す。ページ番号を挿入する場所についてのウィンドウが開くので（図12-5③），ページの下部中央（図12-5④）など，見やすい場所にページ番号を入れる。

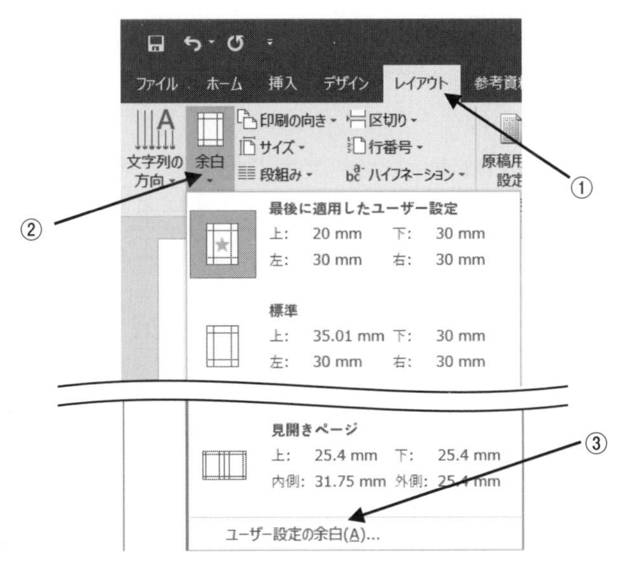

図12-4　余白の設定

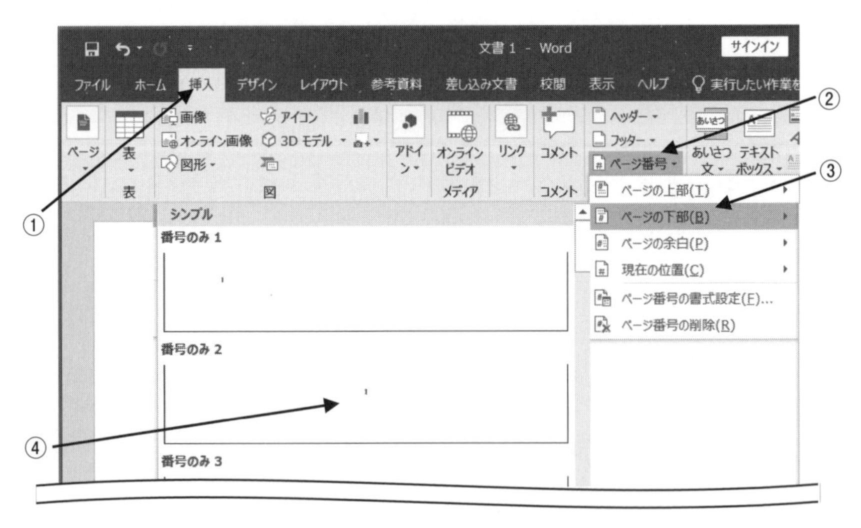

図12-5　ページ番号の入れ方

4. 表の作成

レポートの内容によっては，本文で文章として記述するよりも，**表**に整理して表現した方がわかりやすいことがしばしばある。文書作成ソフトウェアには，そうした表を作成する機能が備わっている。計算を伴う数表を表計算ソフトで作成する方法については第9章，第10章に譲り，ここでは文字を中心とする表の作成方法について説明する。

Wordを使って表を作成するには，いくつかの方法がある。

［挿入］タブ（図12-6①）の［表］（図12-6②）を押すと，表の縦横を示す升目が表示される（図12-6③）。作成しようとする行（横）と列（縦）の数の升目をマウスでドラッグしていくと，升目の枠線の色が変わり，マウスを左クリックすると，選択した行数と列数をもった表の枠が文書中のカーソルのある位置に挿入される。その表の枠の中（セル）

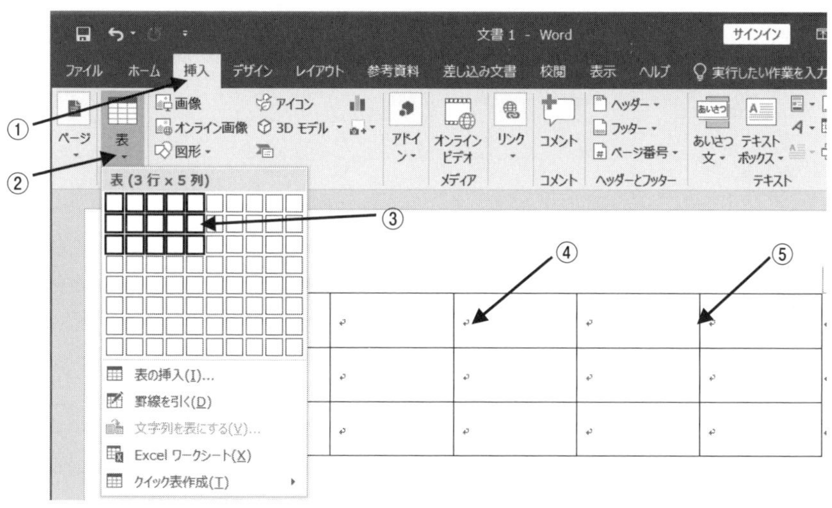

図12-6　表の作成

(図12-6④）をクリックすると，その枠中に文字が入力できるようになる。表の幅を変更したいときは，列を区切る罫線（図12-6⑤）にマウスポインタを合わせる。すると，マウスポインタの形が変わる。その状態でマウスをドラッグすると，列の幅を変更することができる。

5. 画像の挿入

図や写真を挿入するとレポートのわかりやすさや説得力が増すことはいうまでもない。ただし，自ら撮影した写真や自分で描いたイラスト以外は，著作権への配慮を欠かしてはならない。第11章で述べたように，著作権者の名前や出典など，必ず適切な情報を付記して「引用」する。

画像や写真を文書の中に挿入するには，［**挿入**］タブ（図12-7①）の中の［図］グループにある［画像］（図12-7②）をクリックする。する

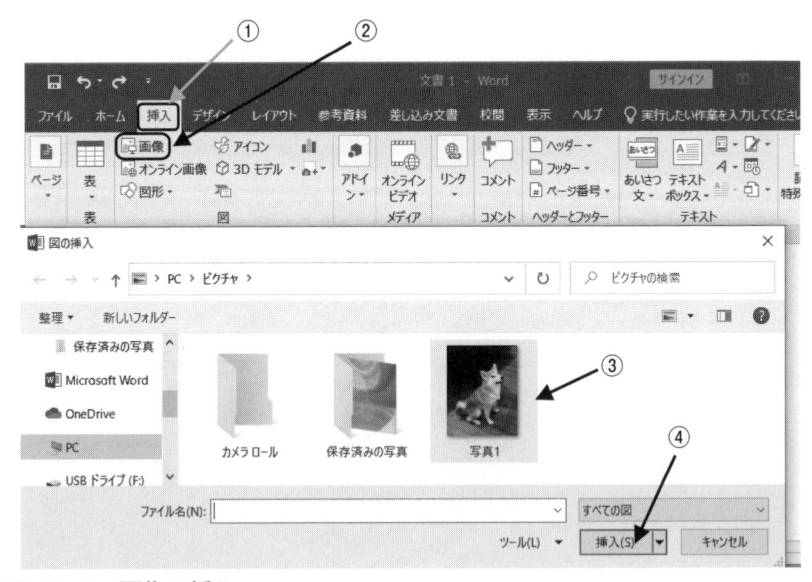

図12-7　画像の挿入

図12-8　画像の大きさの変更と配置

と［図の挿入］ダイアログボックスが表示される。ダイアログボックスの中（図12-7③）に表示される画像ファイルをクリックして指定し，ダイアログボックスの下にある［挿入］ボタン（図12-7④）を押すと，文書中のカーソルの位置にその画像が挿入される。

マウスでクリックした画像の周囲に表示される印（図12-8①）をドラッグすると，画像の大きさを変えることができる。画像を選択したときにリボンに現れる［図ツール］の［書式］タブの中の［**文字列の折り返し**］（図12-8②）で［四角形］（図12-8③）を選択すると，画像を文書の任意の位置に配置することが可能になる。

[文字列の折り返し] のアイコン (図12-8④) は，文書ファイルに挿入した画像の横に表示されることもある。このアイコンをクリックすると，[レイアウトオプション] が開き，文字の折り返しなどの設定をすることができる。

6. 文書の校正

文書に含まれている誤りや不具合を探し出して修正することを「**校正**」といい，印刷物を作成するうえで重要な工程となっている。Wordにはこの校正機能があり，文法，送り仮名，英単語の綴りなどに誤りがあった場合，それらを素早く検出し，修正することができる。

文字の下に赤い波線や青い二重線が表示されることがある。これは自動校正機能が働いているためで，赤い波線は誤植，青い二重線は表記の不統一や推敲を要する表現などを示している。

さらに校正を行うためには，[校閲] タブの [文章校正] グループの中の [エディター] をクリックする。すると，エディターダイアログが開き，誤りとみなされた箇所について「入力ミス？」など，修正候補が自動的に表示される。ただしそれはあくまで自動的に抽出されたものなので，表示された指摘に基づいて修正をするか，指摘を無視するかどうかを，レポートの執筆者自身が判断する必要がある。校正機能によってレポートに含まれるすべての誤りを検出できるわけではない。しかし，この機能を使うことでレポート中の誤りを大幅に減らすことができる。

また，レポートを執筆している途中で，表記の不統一や用語の誤りなどに気づくことがある。**置換**機能を用いると，レポートに含まれている特定の文字列を検索し，必要に応じて他の文字列に置き換えることができる。これによって，表記の修正や統一をもれなく行うことができる。

[ホーム] タブの中の [編集] グループで [置換] (図12-9①) を選

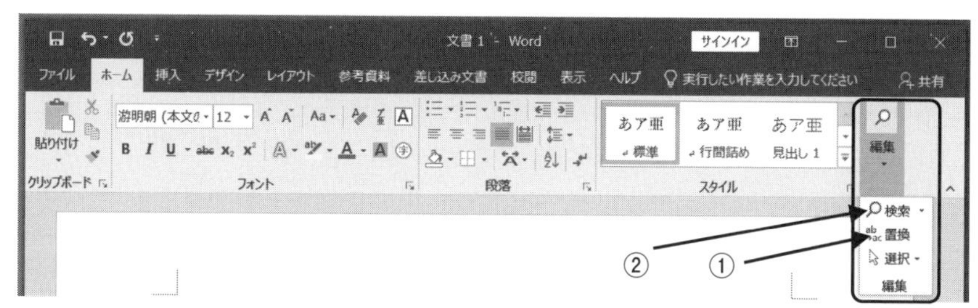

図12-9　検索・置換機能

ぶと，ダイアログボックスが表示される。ここに検索する文字列と，置換後の文字列を入力して，［次を検索］を押す。すると該当する文字列が選択表示されるので，置換するか置換せずに次を選択するかを選ぶ。

また，**検索**機能を使うと，ある文字列が文書のどこに含まれているかを自動的に探し出すことができる。レポートが長文に及ぶとき，その記述箇所を簡単に探すのに便利な機能である。［ホーム］タブの中の［編集］グループで［検索］（図12-9②）を選ぶと，文書の左側にナビゲーションウィンドウが開く。ここに検索したい文字列を入力すると，該当する文書中の箇所が色で表示される。

7. 変更履歴とコメント機能

変更履歴とは，文書に加えた追加や削除の履歴を記録して文書の中に表示する機能をいう。文書作成ソフトウェアが可能にしたこの機能を使うと，一度書き上げたレポートについて自分が行った推敲内容を後から振り返ったり，教員から受けた添削指導の内容を確認することができ，学習にとても役立つ。

変更履歴を使用するには，リボンの［校閲］タブの中の［変更履歴］グループで［変更履歴の記録］（図12-10①）をクリックする。すると，

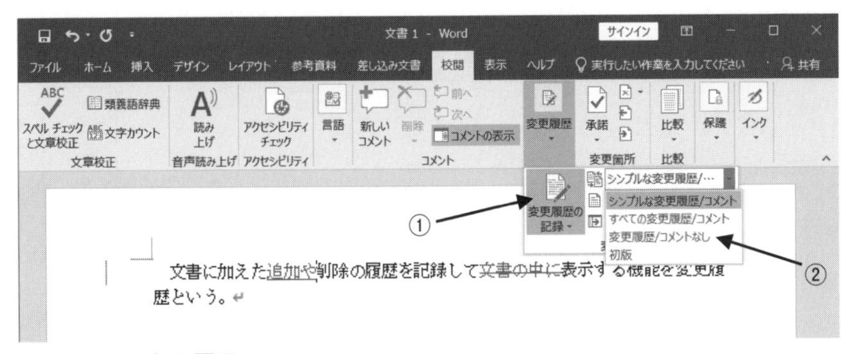

図12-10　変更履歴

それ以降に文書に加えた加筆・削除などの変更が記録され，文書中に表示されるようになる。それらが表示されるとわずらわしい場合は，［すべての変更履歴/コメント］(図12-10②) を［変更履歴/コメントなし］に切り替えると，変更履歴は記録されるが，画面には表示されないようになる。

本文中には織り込めなかったアイディアをメモとして残したり，教師からのコメントを記録し参照するには，**コメント**機能を活用する。

［校閲］タブの中の［コメント］グループで［新しいコメント］(図12-11①) をクリックすると，カーソル位置に対応してコメントを記入する枠が表示される。コメントを表示するかどうかは，［コメント］グループの［コメントの表示］(図12-11②) で設定する。

8. パソコンが変えるレポートの書き方

レポートを書くという目的からみて，あらためて文書作成ソフトウェアの利点を整理してみよう。

パソコンによる文書作成では，手書きやタイプライターによる文書作成とは異なり，文書をコンピューター上で作成してデータの形で保存す

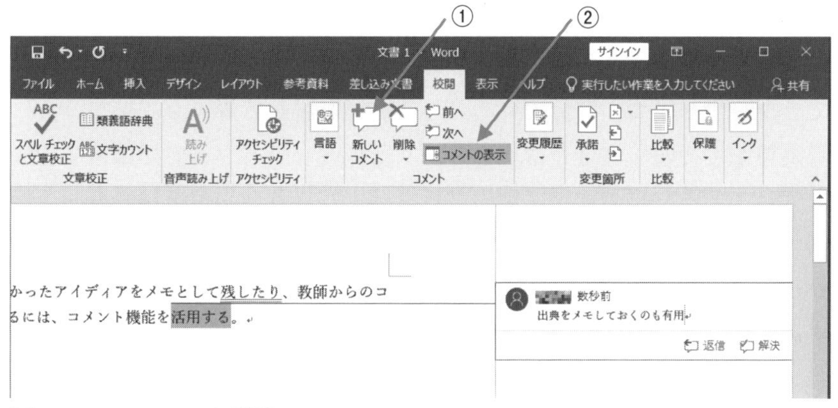

図12-11　コメント機能

る。そのため，以下のようなことが可能になる。

・紙に手書きで文字を記すのに比べて，修正・推敲が容易で，その都度，清書をする必要がない。
・過去に作成した文書を編集したり再利用したりして，新しい文書を効率的に作ることができる。
・思いついたことをそのまま入力しておき，後で再構成することができる。
・高度な編集機能を備えているので，多様な書体や飾り文字などを使って文書を修飾・強調することができる。
・イラスト，画像，図表などを文書に挿入することができる。
・文書内の文章の校正，文字列の検索，置換ができる。
・変更履歴を記録したり，コメントを記入することができる。
・作成した文書を電子メールなどを使って送付することができる。
・作成した文書を印刷することができる。

つまり，文書作成ソフトウェアを活用することによって，読みやすいレポートを効率的に作成し，印刷することができる。これまで紹介してきた文書作成ソフトウェアの機能は，そのほんの一部にすぎない。慣れてきたら少しずつ，自分でいろいろな機能を試してみよう。

文書を手で書く場合とは異なり，文書作成ソフトウェアでは，すでに入力してある文章の途中に別の文章を挿入したり，文章を別の場所に移動することが容易にできる。また，推敲を繰り返しても清書をする必要がない。先に述べたようにこうした機能は，レポートでの文章の書き方そのものにも影響を及ぼす。例えば，

・まず大まかな文章の流れや全体の骨格だけを書き，その後に細部を肉付けしていく
・思いついたことから書き始め，後から全体の構成を考えながら順序を入れ替え，文章を書き足していく

など，冒頭から一字一句，完璧な文章を書き下ろすのではなく，よりよい内容・文章になるように加筆・修正を繰り返し，段階的にレポートを仕上げていくことができる。

また，様々なアイディアや断片的なレポート原稿，レポートに盛り込まなかった原稿などを文書作成ソフトウェアで入力し，「アイディア集」「素材集」として蓄積しておくのも，学習に役立つ。内容がわかるように文書ファイルを分類・整理しておき，それらの素材をもとにして文書全体を作成するという手順を踏むと，一度に集中して行わなければならないようなレポート執筆作業を，細切れの時間を活用して行うこともできる。そのために，

・その文書の内容や位置づけを端的に示すファイル名をつける
・ファイルのまとまりを意識して，ファイルをフォルダーにまとめて整理する
・全体の中でそれらのファイルや文章の位置づけを考える

といった作業を日頃からしておくと，レポート執筆が効率的に進められるばかりでなく，論理的な思考力を身につけるうえでもよい訓練になる。ただし，こうした文書作成ソフトウェアの利点を活かすためには，素材ファイルを作成する際に，第11章で述べたように，引用・参照した文献について必要な情報を入力しておくことが重要となる。著作権に関わる情報を入力することなく時間が経過してしまうと，後からそれを再現することには大きな困難が伴う。

さらに，文書作成ソフトウェアを使って作業をしていると，パソコンの画面に表示される文章だけに注目しがちで，レポートの全体像を俯瞰することを怠りがちになる。レポート執筆の要所要所で原稿を印刷し，レポートの全体像を常に視野に入れつつ執筆を進めるように心がけることを勧める。

9. まとめ

文字の大きさ，字体など文書の書式を整えたり，表，図などを文書に挿入することによって，レポートの構成をより明瞭にすることができ，考察をより深めることになる。さらに，レポートの質を高めたり，遠隔学習に活用するうえで便利なパソコンならではの機能も紹介した。とはいえ，これらすべての機能を使いこなさなければパソコンでの文書作成ができない，というわけでは決してない。「習うより慣れろ」というように，文書作成ソフトウェアをできるだけ頻繁に使い，試行錯誤を繰り返すことが，上達への近道となる。

参考文献

放送大学情報リテラシー面接授業タスクフォース『新・初歩からのパソコン』(放送大学面接授業共通テキスト）2020 年

演習問題

【問題】

第10章　演習問題2. で作成したグラフを文書ファイルに挿入する方法を調べて文書ファイルに挿入し，そのグラフから読み取れる内容を箇条書きで3点，グラフの下に入力せよ。

解答

Excelで作成したグラフをWordに挿入するためには，

1. Excel上の挿入したいグラフをマウスを使って指定する。
2. その状態でExcelの［ホーム］タブの［クリップボード］グループの［コピー］ボタンを押す。
3. Wordの画面に戻り，［ホーム］タブの［クリップボード］グループの［貼り付け］ボタンの下の▼をクリックして，［貼り付けのオプション］→［形式を選択して貼り付け］→［Microsoft Excelグラフオブジェクト］を選択して［OK］を押す。これによって，カーソルの位置にExcelのグラフが挿入される。

グラフから読み取れる内容は省略。

13 プレゼンテーションの基本

三輪　眞木子・伏見　清香

《ポイント》 プレゼンテーションの目的と理論的基盤を紹介し，大学生にとって必要な口頭発表，ポスター発表，自己紹介について，その方法と効果的に実施するコツを学ぶ。また，プレゼンテーション資料作成とプレゼンテーション実施によく使われるプレゼンテーションソフトウェアのひとつであるPowerPointの基本操作を学ぶ。
《学習目標》 (1) プレゼンテーションの種類と目的を説明できる。
(2) 口頭発表，ポスター発表，自己紹介の方法とポイントを説明できる。
(3) プレゼンテーションソフトウェアを起動し，簡単なプレゼンテーションを作成し配布資料を印刷できる。
《キーワード》 プレゼンテーション，口頭発表，ポスター発表，コミュニケーション理論，プレゼンテーションソフトウェア，PowerPoint

1. プレゼンテーションとは

(1) プレゼンテーションの目的

プレゼンテーションとは，声や目や身振り手振りを駆使して，自分の意見，アイディア，事実などを聴き手に伝達したり，聴き手を説得する行為である。プレゼンテーションの目的は，表13-1に示すように，「説明」と「説得」の2種類に大別できる。説明のためのプレゼンテーションは，聴き手に情報をわかりやすく伝達するもので，情報機器や電化製品の操作方法の説明，大学等での講義，就職活動のガイダンスは，その例である。説得のためのプレゼンテーションは，説明のためのプレ

表13-1　プレゼンテーションの目的

目的	例
説明	機器の操作方法の説明，講義，就職活動ガイダンス
説得	研究テーマの提案，勧誘，商品やサービスの販売

ゼンテーションにおけるわかりやすさをクリアした上でさらに，自分の考えや意図を聴き手に納得してもらい同意や共感を得ることが目的で，学生が取り組みたい研究の意義や方法について指導教授に提案する，同好会への参加を促す，商品やサービスを顧客に販売するといった例がある。

（2）　プレゼンテーションの理論

プレゼンテーションは，送り手と受け手の間のメッセージの伝達を扱うコミュニケーション学における重要な研究領域である。以前は「送り手が発信するメッセージを受け手がそのまま受け止める」という考え方が主流だった。それに対して，受け手はメディアが発信するメッセージに意味を付与して独自の解釈をするという社会記号論が登場した。教育分野では，メディアが発信するメッセージを分析して批判的に評価する能力や，メディアを効果的に活用して情報や意見を提示する能力の育成をめざすメディアリテラシー運動が登場した。最近では，メディアを利用して意味ある経験を能動的に創造する」という**受け手志向**の考え方が主流になっている[1]。

社会構築主義（Social Constructionism）や談話分析（Discourse Analysis）は，知識の習得や社会的権力の形成において言語や社会的相互作用が重要な役割を果たすとみなしている。人々は，共同体の構成員の間に生じる会話や談話を通して意味やアイデンティティを構築しながら，何が真実で，誰に責任があり，自らの動機やとるべき行動は何かを判断する。この考え方は，メッセージの伝達と解釈を統合的に説明するバフチン（Mikhail Mikhailovich Bakhtin）の**対話理論**[2]や，アクター同士の相互解釈により送り手と受け手の間に同盟関係が成立すると主張する，科学社会学者であるラトゥール（B. Latour）の**アクターネットワーク理論**[3]に端を発している。

送り手と受け手の**同盟関係**を作るという考え方に基づいてプレゼンテーションという行為を捉えるなら，聴き手は，自分の経験や知識を駆使して話し手の言葉を解釈して意味づけする。つまり，プレゼンテーションは，話し手が主導する聴き手との対話である。したがって，発表者は聴衆の反応を見て理解や同意の程度を推測しつつ，理解を促すよう事例や比喩を加え，聴き手が納得しやすい表現方法を工夫すべきである[4]。

2. プレゼンテーションの方法

発表者と聴衆の同盟関係を生み出すという考え方に基づいて，大学生にとって身近な3種類のプレゼンテーションの特徴を見てみよう。

（1） 口頭発表

大学のゼミや学会の口頭発表では，発表者が紙の資料を聴衆に配布して口頭で発表する場合もあるが，最近ではプレゼンテーションソフトウェアで作成した資料をパソコンや携帯端末とプロジェクターを使ってスクリーンやモニターに提示しながら発表するスタイルが定着している。いずれの場合も，よいプレゼンテーションの鍵は，発表者が聴き手の立場を想定して，与えられた時間に対して適切な量の情報を，簡潔で

図13-1　プレゼンテーションソフトウェアを活用した口頭発表

わかりやすい的確なメッセージとして伝えることである。

情報通信機器の普及に伴い，パソコンとプロジェクターを使ってプレゼンテーションを実施できる場が増えている。人が集まって議論を交わし講義や発表をするための施設には，パソコンやモバイル機器を接続して画面をスクリーンに表示するプロジェクターや，大画面のディスプレイ装置が備えられている。発表者は，それらの装置を使ってパソコン上の資料を表示しながら，プレゼンテーションをする（図13-1)。

学会や研究会では，1つのプレゼンテーションは，10～20分程度の**口頭発表**とその後の**質疑応答**で構成される。そのため，限られた時間内に簡潔かつわかりやすく研究の独自性や貢献を聴衆に訴えかけて，その研究の価値を認めてもらえるようなプレゼンテーションをする必要がある。また，発表の冒頭で聴衆の関心を引きつけ，印象に残るようなプレゼンテーションにする工夫も求められる。ゼミでの発表は，教授や学友から質問や助言を受けて進行中の研究を磨き上げる貴重な機会である。質問は，発表情報の欠如や，研究内容の穴を指摘されている場合もある。質疑応答では質問に率直に回答するとともに，聴衆の意見を真摯に受け止め研究に反映させていくことが望まれる。

図13-2　ポスター発表

（2） ポスター発表

ポスター発表は，大きな紙（A0～A2程度）に伝えたい内容（研究の目的や成果）を簡潔かつわかりやすく示した多数のポスターを会場の壁や専用の掲示板に貼って，発表者が自分のポスターの前に来た聴衆に説明する形式のプレゼンテーションである（図13-2）。

学会や研究会で実施するポスター発表の目的は，自分の研究に聴衆の関心を惹きつけ，1分程度の短時間でその研究への理解を促し，聴衆との質疑応答を通して，研究への理解や助言を得ることである。そのため，研究内容に即した印象に残るようなタイトルをつけ，研究の全体像と新規性や貢献が一目でわかるような構成にすることが求められる。ただし，ポスターに掲載できる情報量は口頭発表と比べると圧倒的に少ないので，記載する内容を精選する必要がある。また，1.5メートル程度離れた場所からでも読める大きさの文字を使用することが望ましい。印象的なタイトルを示し，文字量は最小限に留め，図表や写真を駆使して直観的にわかりやすいポスターをデザインする，といった**視覚に訴える**工夫も求められる。人間は，刺激に対して，感覚器官を働かせることによって情報を得る。図13-aは，情報伝達と記憶時間についての実験で

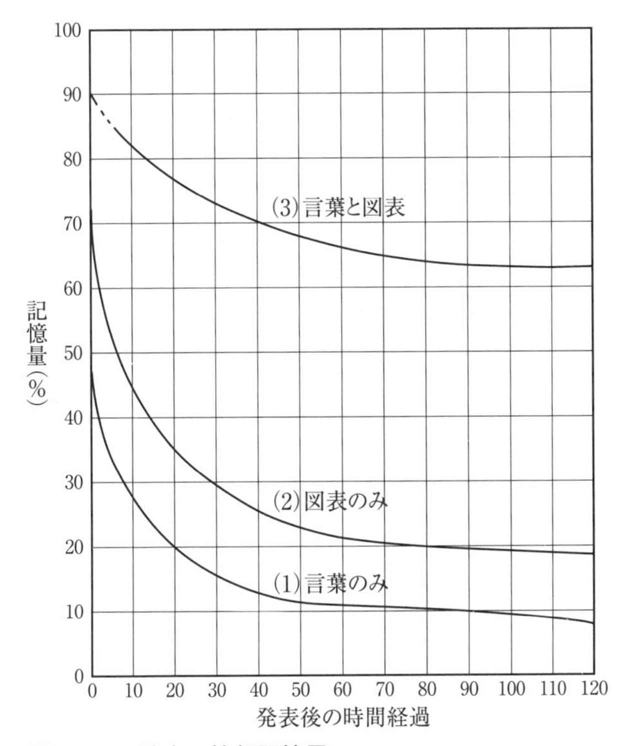

図13-a　聴衆の情報記憶量

ある。(1) 言葉だけで説明した場合，(2) 図表だけを見せた場合，(3) 図表を見せながら言葉で説明した場合，これら3つの方法で聴衆に提示し，記憶されている情報量を比較した結果である。言葉と図表がともに用いられた場合，聴衆は72時間経過後，言葉だけが用いられた場合の6.5倍以上，図表だけが用いられた場合の3.25倍以上記憶に残っていることを示している[6]。このことから，プレゼンテーションでは，聴衆の聴覚と視覚に訴え，言葉と図などの視覚情報の組み合せが，効果的であることがわかる。

ポスターの近くに来た人の目を最初の数秒で惹きつけ，一分程度で研究の概要を理解してもらい，質問に対して真摯に回答して効果的な説明をすることで，印象に残るプレゼンテーションができる。視認性と可読性が高いポスター，わかりやすく読みやすいデザインであることが重要である。ポスターの前に一人でも聴衆がいると，他の聴衆も集まってくるので，まずは最初の一人を惹きつけるポスターをデザインすることが成功の鍵である。

（3） 自己紹介

英語で**エレベータースピーチ**（elevator speech）と呼ばれるプレゼンテーションがある。これは，「エレベータに乗り合わせた重要人物に，目的の階に到着するまでの短時間で自分の存在を知らせ好印象を与えるための会話」という比喩である。この技法は，初対面の人に短時間で自己紹介をして記憶にとどめてもらい，伝えたい内容を印象的に伝達するプレゼンテーション形式として様々な場面で威力を発揮する。

大学のゼミや少人数の対面授業では，初回に教授から簡単な**自己紹介**を求められることがよくある。そうした場面に備えて，日ごろから自己紹介で話す内容を準備しておくと，うろたえることなく教授や学友に自分をアピールできる。自己紹介では，自分の名前や属性を伝えるだけでなく，ユニークな経験談や自分の特長をメッセージに含めることで，相手に強い印象を与えることができる。短時間の自己紹介で話す内容を幾つか準備し，相手や場面に応じて話す内容の選択肢や筋書きを作り，鏡の前で話す練習をすると，登下校の道筋や廊下やエレベータで教授や顔を知っている人に偶然出会った時でも，そつなく印象に残る会話を始めることができる。また，就職活動や昇任のインタビューで面接者に短時間で評価を得たい場面でも，効果的なプレゼンテーションができる。

3. プレゼンテーションソフトウェアの利用

（1）プレゼンテーションソフトウェアとは

プレゼンテーションソフトウェアは，パソコンを使って資料を作成し，資料をスライド形式で聴衆に提示しながらプレゼンテーションをするためのソフトウェアで，文字を入力・編集・配置する機能，画像を添付・編集・配置する機能，スライドショーの形で内容を表示する機能で構成される。プレゼンテーションソフトウェアには，プレゼンテーション資料の効率的な作成と，効果的な発表実施を支援する様々な機能が搭載されている。以下では，Microsoft OfficeのPowerPoint 2019（以下**PowerPoint**）を例に，プレゼンテーションソフトウェアの使い方を学ぶ[5]。本章では，プレゼンテーション資料の作成に必要な基本機能を学び，次章ではプレゼンテーションソフトウェアを使って口頭発表をする際の作業手順を学ぶ。

（2）PowerPointの起動

PowerPointは，ExcelやWordと同様に，以下の手順で起動する。

(a)　デスクトップのスタートボタンをクリックしてメニューを表示

(b)　[PowerPoint] をクリックしてPowerPointを起動

(c)　図13-3の画面が開くので，「空白のプレゼンテーションを新規作成」をクリックすると，空白のプレゼンテーション（図13-4）が表示される。

PowerPointのプレゼンテーションは複数の画面で構成するが，各画面のことを「スライド」と呼ぶ。なお，PowerPointでは，1つの**プレゼンテーション**が1つの**ファイル**である。スライド上には，PowerPointで利用できる様々な機能が表示されている。スライドの

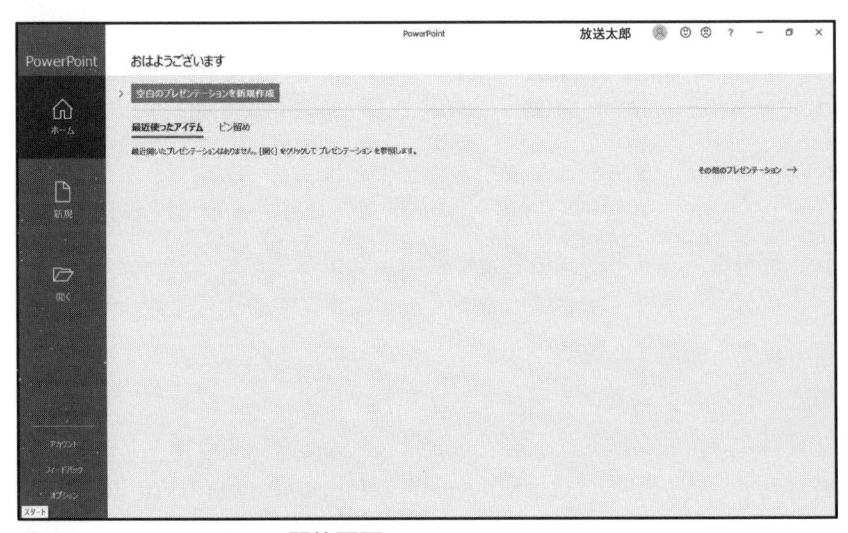

図13-3　PowerPointの開始画面

図13-4　空白のプレゼンテーションの初期画面

各部の名称と機能は，以下のとおりである。

① クイックアクセスバー：「上書き保存」「元に戻す」など，よく使う機能を起動するボタン
② タイトルバー：現在表示されているプレゼンテーションの名前
③ タブ：クリックするとリボンが変わる
④ リボン：PowerPointの操作を指示するボタンでタブをクリックすると表示される
⑤ グループ：リボンのボタンを関連する機能ごとにまとめている
⑥ アウトラインペイン：プレゼンテーション内の全スライドを一覧表示
⑦ スライドペイン：文字の入力，図表の添付や配置などを行う領域
⑧ ステータスバー：作業中のプレゼンテーションの状態を表示
⑨ ズーム：スライダーを左右にドラッグすると画面の表示倍率が変化

発表の順序や目的に応じて，スライドには複数の書式が準備されている。図13-4はプレゼンテーションの冒頭で表示する「タイトルスライド」というレイアウトで，2つの**プレースホルダー**が配置されている。

⑩ タイトルのプレースホルダー：プレゼンテーションの表題を入力する場所
⑪ サブタイトルのプレースホルダー：プレゼンテーションの副標題を入力する場所

タイトルプレースホルダーにはタイトルを，サブタイトルプレースホルダーにはサブタイトル（発表する会議名，日付，所属，発表者名でもよい）を入力する。図13-5に示す例では，タイトルプレースホルダーに「PowerPointを使ったプレゼンテーション」と入力し，サブタイトルプレースホルダーに，所属と発表者名を入力している。文字入力には，Wordと同じようにIMEの「かな・漢字変換機能」を利用する。

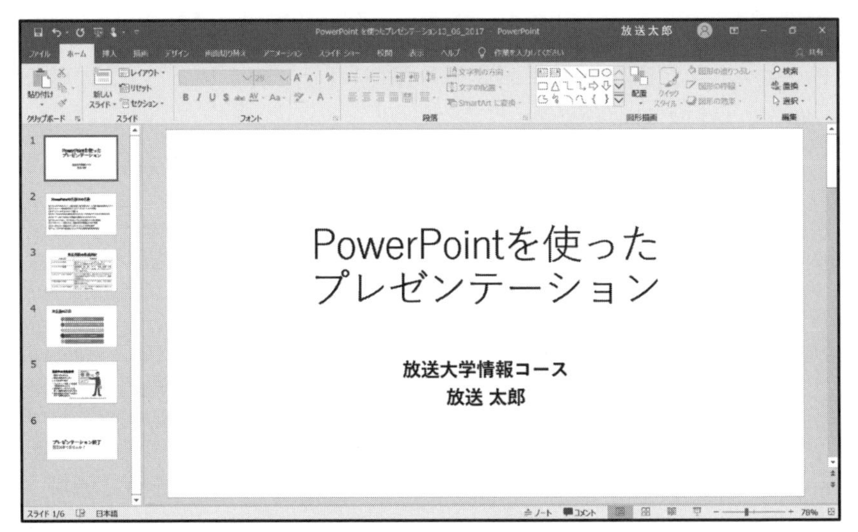

図13-5　タイトルスライドに文字を入力した例

スライドにデータを入力したら，頻繁に保存することが重要である。新たに作成したプレゼンテーションを初めて保存する際には，［名前を付けて保存］を，プレゼンテーションの名前を変更せずに保存する際には，クイックアクセスバーの［上書き保存］をクリックする。

2枚目以降のスライドは，発表の順序に沿ってアウトラインを作成し，プレゼンテーションの内容を入力するためのコンテンツスライドである。図13-6は，コンテンツスライド（タイトルとコンテンツ）に文字を入力したものである。

コンテンツスライドには，（タイトルとコンテンツ）だけでなく，図13-7に示す複数の**レイアウト**が準備されている。ホームタブのスライドグループ中にある「レイアウト」の右のプルダウンメニュー（▼）をクリックすると，選択肢が表示されるので，伝えたい内容に最も適した書式を選択する。

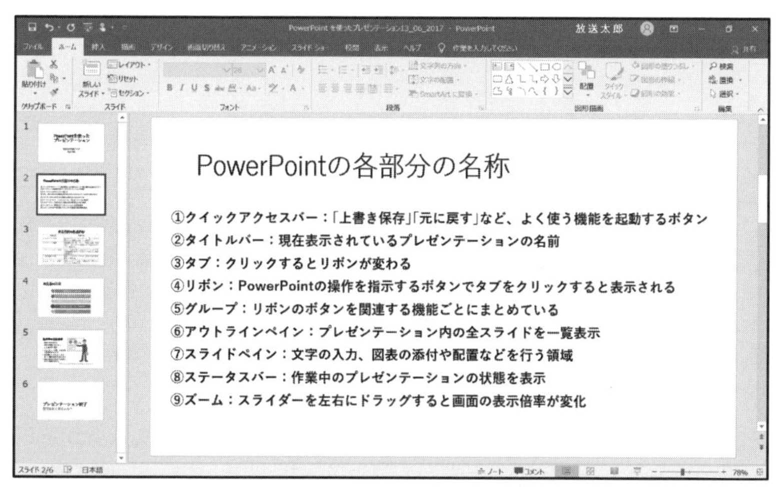

図13-6　コンテンツスライド（タイトルとコンテンツ）の入力例

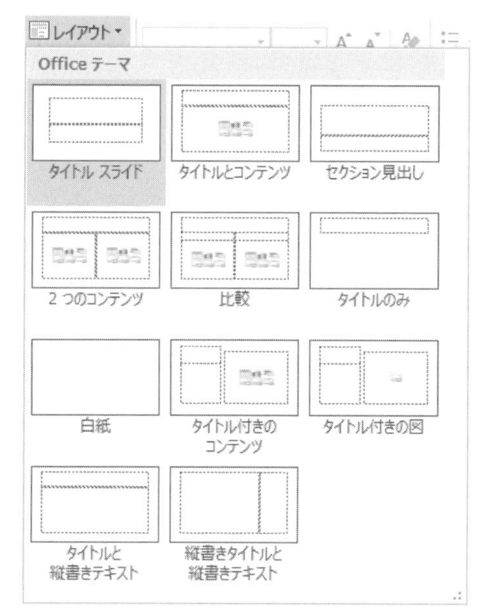

図13-7　レイアウトの選択肢

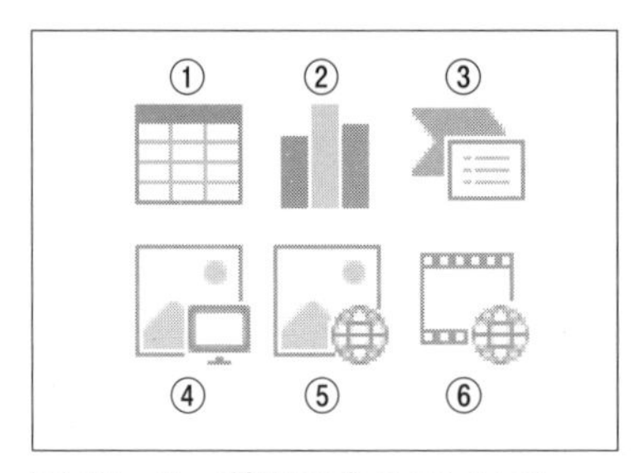

図13-8　利用できるアイコン

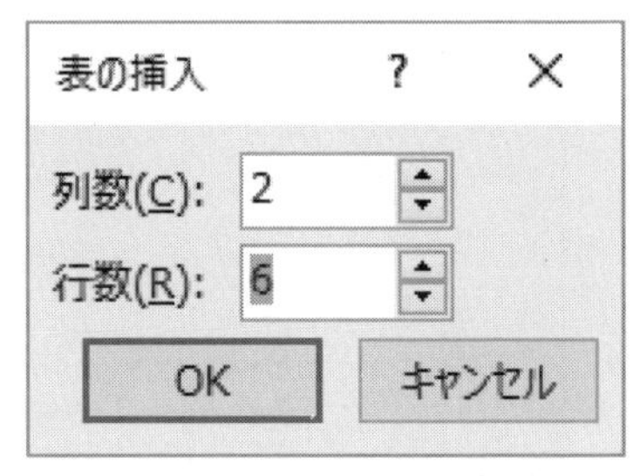

図13-9　行数と列数を指定

（3）　図表と写真の入力

空白のコンテンツスライドの中央部分には，左から右，上から下に「表の挿入」「グラフの挿入」「SmartArtグラフィックスの挿入」「図」「オンライン画像」「ビデオの挿入」の6つの**アイコン**が置かれており，(図13-8)，どれかをクリックすると，対応データを入力できる。

スライドにタイトルを入力したら，コンテンツプレースホルダー中央左上の「表の挿入」アイコン（図13-8①）をクリックし，表示されるポップアップメニュー（図13-9）で表の列数と行数を指定し［OKボタン］をクリックする。表の挿入は，［挿入］タブをクリックすると表示される「表グループ」でも実行できる。デザインタブの「表のスタイル」グループの右下の☑をクリックすると，表のスタイルを変更できる。図13-10では，左上から2番目の黒枠マス目のスタイルを選択している。

提示された表の中に文字を入力して表を完成させる（図13-11）。

コンテンツプレースホルダーの右上2番目の**SmartArt**グラフィックスは，図解を作る機能で，PowerPointには，表示したい内容に応じて選択できる多くのスタイル（図13-12）が準備されている。SmartArtは，［挿入］タブをクリックすると表示される「図グループ」の

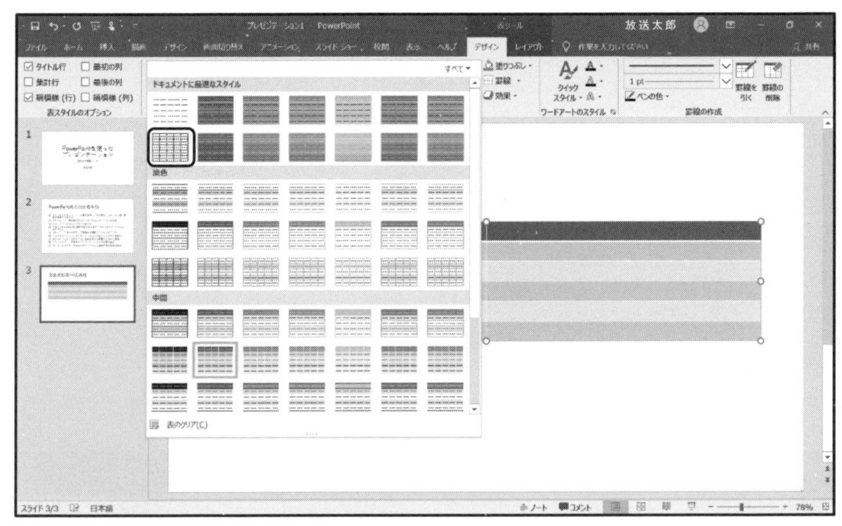

図13-10　表のスタイルを変更する

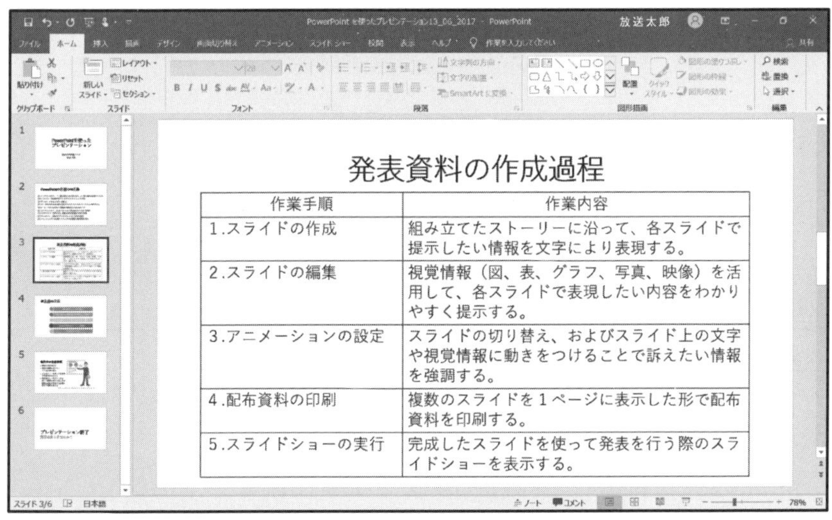

図13-11　表を挿入した例

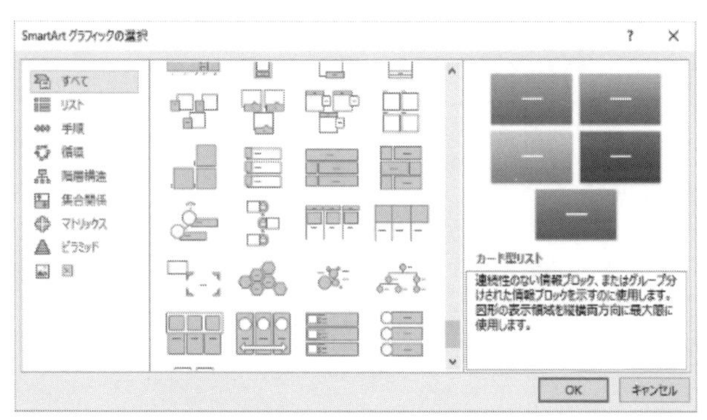

図13-12　SmartArt

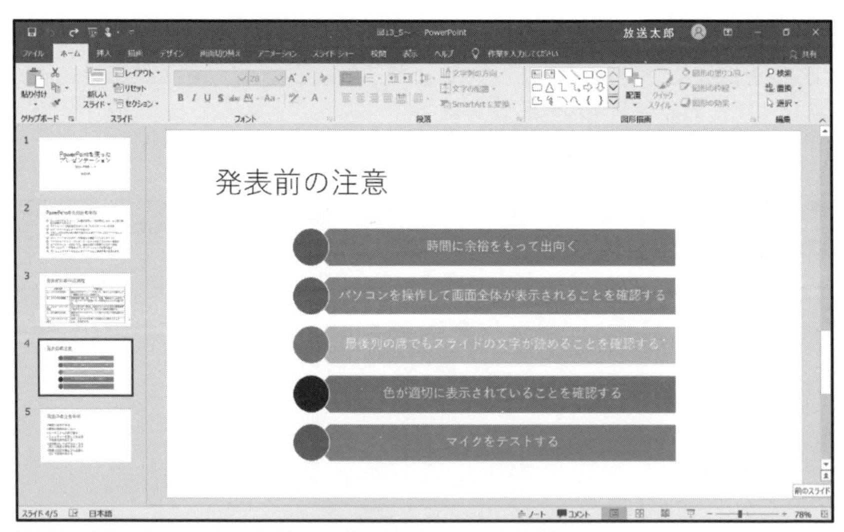

図13-13　SmartArtを使って作成したスライド例

「SmartArt」ボタンでも挿入できる。

SmartArtを利用して作成したスライドの例を，上の図13-13に示す。

図13-14　検索窓にキーワードを入力

図13-15　オンライン画像一覧

コンテンツプレースホルダー下中央の「オンライン画像アイコン」は，インターネット上のイラストや写真を追加する機能である。このアイコンをクリックすると，検索窓が表示されるので（図13-14），ここにキーワードを入力して「Enter」キーを押すと，イラストや写真の一覧が表示される（図13-15）。

使いたい画像をクリックして「挿入」ボタンをクリックすると，コンテンツプレースホルダーにその画像が挿入される。オンライン画像を，口頭発表で使用する際には**著作権の許諾**が必要なものもあるので，注意

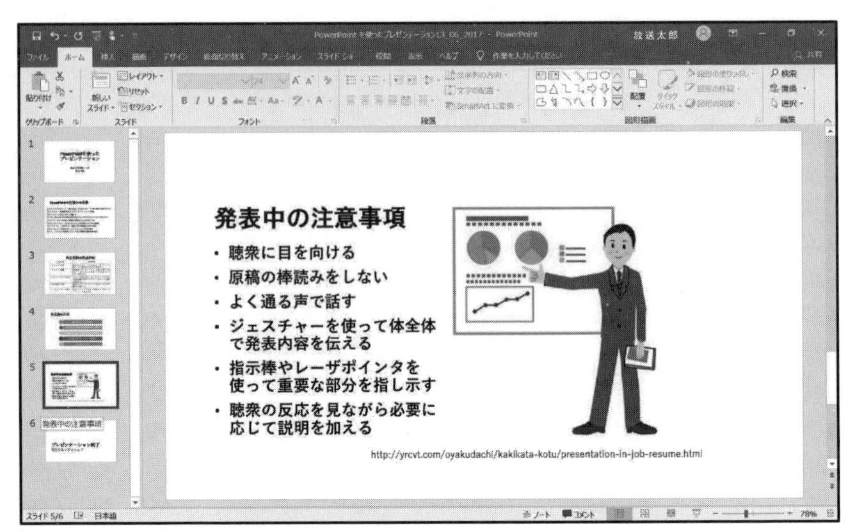

図13-16　オンライン画像を使ったコンテンツスライド

が必要である。画像を使ったコンテンツスライドの例を，図13-16に示す。

なお，コンテンツプレースホルダー中央左下の「図アイコン」をクリックすると，パソコン内に保存されているイラストや写真が表示され，それをコンテンツに組み込むことができる。また，右下の「ビデオの挿入アイコン」を使うと，パソコン内の映像ファイルだけでなく，YouTubeや他のオンライン上の映像を挿入できる。ただし，外部の映像を，口頭発表で使用する際には**著作権の許諾**が必要な場合もあるので，注意が必要である。

（4） スライドショーの実行

「スライドショー」は，スライドを画面全体に表示して順序に沿って切り替える機能である。プレゼンテーションが完成したら，「スライド

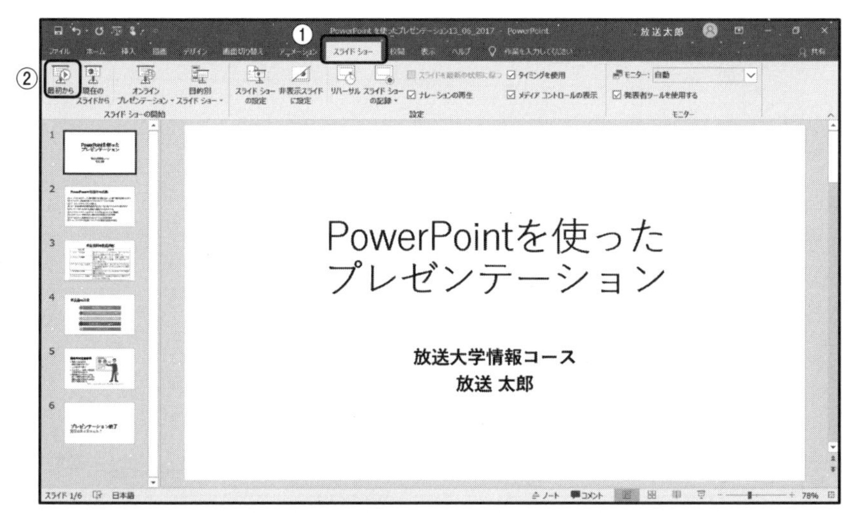

図13-17　スライドショーの開始

ショー」で発表の内容や流れを確認する。発表本番では，パソコンをプロジェクターにつないで，「スライドショー」機能でスクリーンに投影する。ここでは，作成した資料の構成やバランス確認するために，パソコンの画面でスライドショーを実行してみよう。

画面上部の「スライドショータブ」(図13-17①）をクリックすると表示される「最初から」ボタン（図13-17②）をクリックする。

スライドショーが開始され，最初のスライドが画面全体に表示される。画面をクリックするか，[Enter] キーまたは［下矢印］キー（↓）を押すと，次のスライドが表示される。全てのスライドが表示されると画面が暗くなり，スライドショーが終了する。もう一度画面をクリックするか，[Enter] キーまたは［下矢印］キーを押すと，入力画面に戻る。途中でスライドショーを中断したいときは，右クリックすると表示されるメニューの「スライドショーの終了」をクリックする。

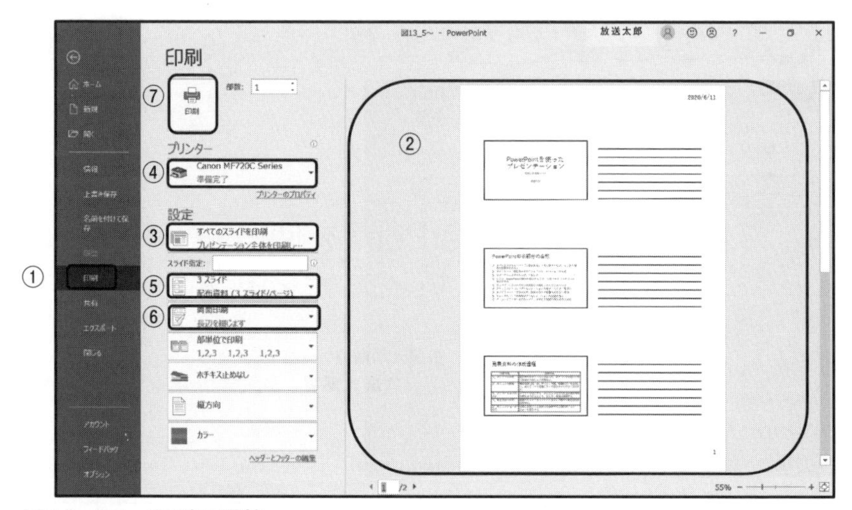

図13-18　印刷の開始

(5)　配布資料の印刷

資料の印刷は，画面左上の「ファイル」タブをクリックすると画面の左側に表示されるメニューの中から，「印刷」(図13-18①) をクリックして開始する。画面右側に表示される「プレビュー欄」(図13-18②) で，印刷結果を確認できる。

まず，設定欄で「すべてのスライドを印刷」(図13-18③) を選択する。ここで，その他の選択肢をクリックすると，指定した部分のスライドのみを印刷できる。次に，プリンター欄に印刷に使うプリンター名が表示されていることを確認する (図13-18④)。プリンター名が違う場合は，「プリンター」をクリックして表示されるメニューから使いたいプリンターを選択する。

次に，配布資料のレイアウトを指定する。「フルページのスライド」右側の▼をクリックすると表示されるプルダウンメニュー (図13-19)

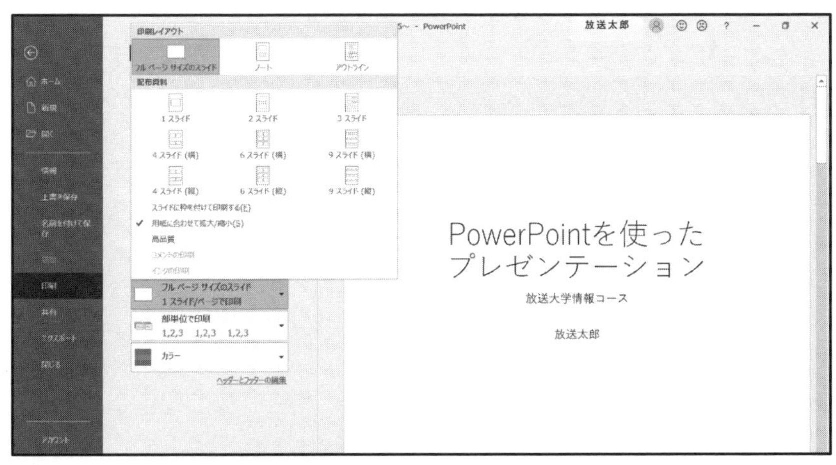

図13-19　配布資料の書式選択画面

から，1ページに表示するスライドの数を選択する。ここでは，右側にメモ欄付きスライドを3枚ずつ表示する「3スライド」を選択している（図13-18⑤）。

紙を節約するため「片面印刷」の右の▼をクリックして，両面印刷を選ぶ（図13-18⑥）。人数分の部数を指定し，「印刷ボタン」（図13-18⑦）をクリックして印刷を実行する。

4. まとめ

この章では，プレゼンテーションの目的と理論的背景を紹介した。また，大学生にとって必要な口頭発表，ポスター発表，自己紹介について，その方法と効果的に実施するコツを紹介した。そして，よく使われているプレゼンテーションソフトウェアPowerPointの基本操作を学んだ。学生として効果的なプレゼンテーションをできるように，この章で学んだことを活用してほしい。

参考文献

[1] スタンリー・J・葉蘭，デニス・K・デイビス著，宮崎寿子監訳『マスコミュニケーション理論：メディア・文化・社会』上巻 新曜社，p.315, 2007.

[2] 桑野隆，小林潔（編訳）『バフチン言語論入門』せりか書房，p.234, 2002.

[3] ブルーノ・ラトゥール著，川崎勝，高田紀代志訳『科学が作られている時』産業図書，p.473, 1999.

[4] 鈴木栄幸．プレゼンテーション：多声的プレゼンテーションの概念と訓練手法（富田・田島（編）「大学教育　越境の説明をはぐくむ心理学」）2014/03/30　ナカニシヤ出版　93-109.

[5] 500円でわかるパワーポイント2013：伝わる資料作成！会議で プレゼンで!：基本が身につく速習パワポ30分

[6] M.A.Broner (IEEE Transactions on Engineering Writing and Speech, December 1964), Edited by Robert M.Woelfle，宇都宮敏男・富樫順亮（共訳）『技術発表のすべて―知的職業人のための発表の手引き―』丸善出版，pp.65-66，1978 年

演習問題

【問題】

以下に示す4つのプレゼンテーションのうち，説得型を1つ選べ。

① 大学の新入生オリエンテーションで，教授がカリキュラムの構成と望ましい履修順序を説明する。

② 大学3年生向けの就職ガイダンスで，担当職員がエントリーシートの記入の仕方を説明する。

③ 大学のゼミに初めて参加した学生が，自分の取り組みたい研究テーマについて指導教授の了解を求める。

④ 大学の対面授業の初めに，受講者が1分程度の自己紹介をして，自分のことを教授や同級生に印象づける。

解答

③

説得型のプレゼンテーションは，新たな考え方や価値観を提示して聴き手に納得させるためのものである。「③大学のゼミに初めて参加した学生が，自分の取り組みたい研究テーマについて指導教授の了解を求める。」は，学生の研究テーマの適切さについて指導教授を説得するために実施するので，これが正解である。

14 プレゼンテーションの技法

三輪　眞木子・伏見　清香

《ポイント》 自分の研究を指導教授や学友に理解してもらうために，口頭発表を実施する。本章では，PowerPointを使って研究発表のためのプレゼンテーションをする際の，計画，資料の作成，実行の各段階で必要な作業を学ぶ。
《学習目標》（1）口頭発表の計画を立てることができる。
(2) プレゼンテーションソフトウェアを使って研究発表の資料を作成できる。
(3) プレゼンテーションソフトウェアを使って聴衆の前で口頭発表を実行できる。
《キーワード》 研究発表，プレゼンテーション資料，スライドショー，プレゼンテーションソフトウェア

1. 口頭発表プレゼンテーションの作業手順

大学生が研究発表のためのプレゼンテーションを実施することを想定して，プレゼンテーションの準備から**口頭発表**に至る過程を考えよう。

このプロセスは，表14-1に示すように，プレゼンテーションの計画，プレゼンテーション資料の作成，プレゼンテーションの実行の3段階に分けられる。

計画段階では，発表内容を明確にし，重要な点や説得したい事項を整理して伝達するメッセージを生成し，全体の論理構成を組み立てる。資料作成段階では，発表内容を的確に表現するタイトルを入力し，各スライドに発表内容の要点を記入し，必要に応じて，聴衆にアピールするよ

表14-1　プレゼンテーション過程

段　階	作　業
計　画	● 内容の明確化 ● メッセージ作成 ● 論理構成
資料作成	● タイトルスライド作成 ● コンテンツスライド作成 ● 図表・画像・映像の挿入
実　行	● リハーサル ● 会場と機器の確認 ● 発表と質疑応答

うな図表やイラストや写真や動画を組み入れる。実行段階では，慣れるまでリハーサルを行い，発表会場に出向いて機器の操作を確認し，口頭発表を実行する。口頭発表終了後には質疑応答を行う。

2. プレゼンテーションの計画

口頭発表の計画段階では，聴き手の知識や価値観を想像してプレゼンテーションの内容，すなわち伝えたいこと，理解してほしいこと，説得したいことを明確にし，プレゼンテーションの**論理構成**を組み立てる。

口頭発表に盛り込むべき内容が明確になったら，それを紙かパソコンに項目リストの形で記述する。次に，聴き手の立場に立って，誰がどんな反応をするか，聴衆がどんな気持ちになるかを想像する。それに基づいて，項目の順序を入れ替え，聴き手の理解を深めるうえで役に立ちそうな素材（図表，イラスト，写真，動画）を作成する。

研究に関する口頭発表では，研究の内容（背景，目的，方法，結果，考察，結論を含む）を伝達するだけでなく，その研究がいかに重要で独自性があるかを聴衆（教授や先輩や学友）に納得してもらうことが重要である。そのため，背景を述べる際に，**先行研究**（以前に他の人が実施した関連する研究）を紹介して，自分の研究の独自性と領域への貢献を浮かび上がらせる。また，その研究を期間内に完了でき，あなたにその研究を実施する能力があることを示す必要がある。そのため，方法には，具体的な作業項目と実施スケジュールを示すことも重要である。

限られた時間（通常は10分から20分程度）で説得力があり，印象に残る口頭発表をするには，**冒頭で聴衆の関心を惹きつける**工夫が必要である。最初に興味を持つと，聴衆はその後の発表内容を注意深く聴く。どうすれば多くの聴衆が自分の研究に関心を持つかを想像して，どんな情報をどのメディアを使ってどのように示すべきか，どのような言葉で訴えかけたらよいかを考えながら，計画を固めていく。

3. プレゼンテーション資料の作成

資料作成段階では，発表で聴衆に見せる資料を作成する。以下では，PowerPointを使った，プレゼンテーション資料作成手順を紹介する。

（1） スライドのデザインを選ぶ

PowerPointを起動すると初期画面（図14-1）が表示される。デザインタブをクリックすると表示される様々なデザインの中からプレゼンテーションの内容に即したデザインを選ぶ。研究発表のためのプレゼンテーションなので，装飾が目立たないスライドを選ぶとよい。ここでは，プレーンなデザイン（図14-1①）をクリックして選択する。

選択したデザインの**タイトルスライド**が表示される。これは横と縦が16対9の**ワイド画面**である。デザインタブをクリックして右上に表示

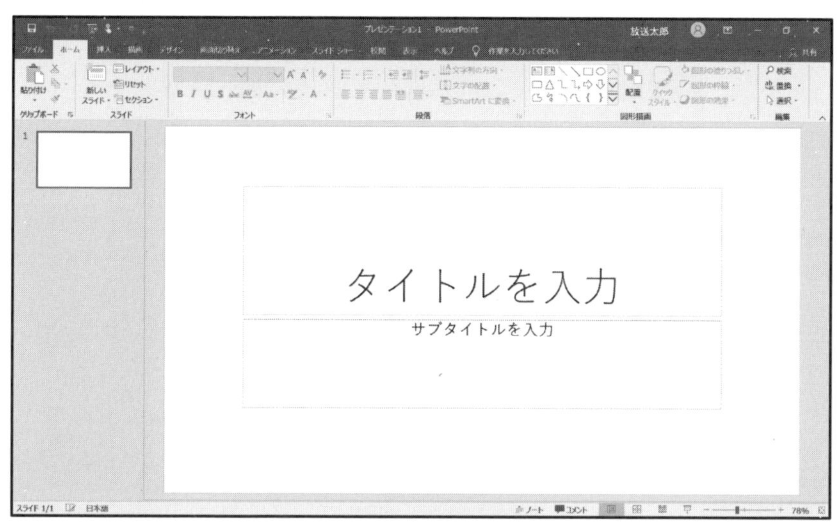

図14−1　空白のプレゼンテーションの初期画面

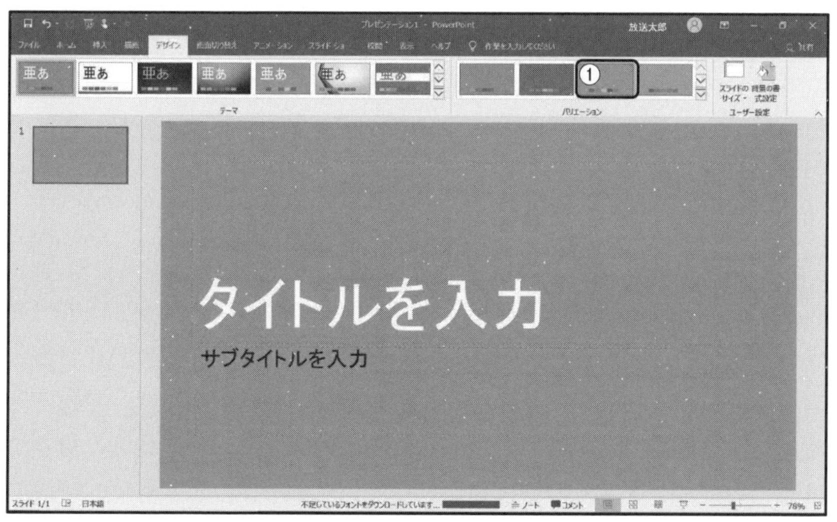

図14−2　選択したスライドのタイトルレイアウト

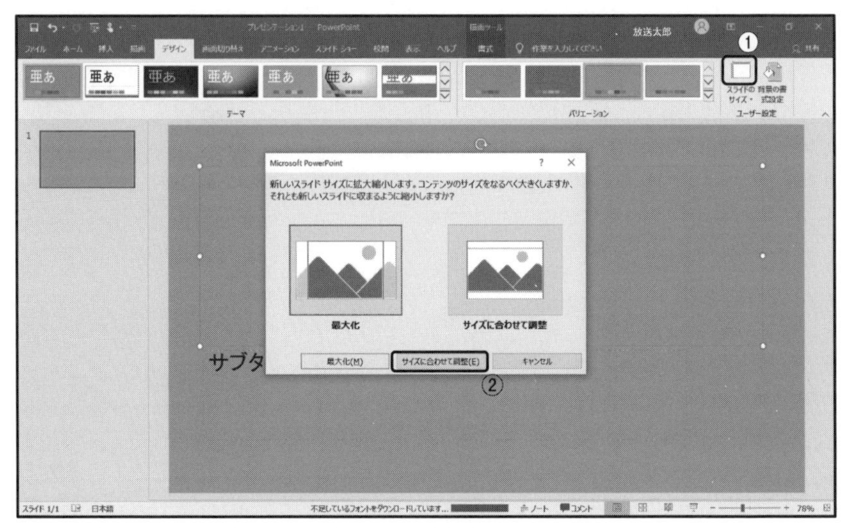

図14-3　コンテンツスライドのサイズを選択

されるユーザグループの「スライドのサイズ」(図14-3①) 右の▼をクリックして，横と縦が4対3の**標準画面**を選択する。スライドのコンテンツサイズを選択する指示が表示されるので，「サイズに合わせて調整」(図14-3②) をクリックすると，指定したデザインのタイトルスライドが表示される。

(2)　タイトルスライドの作成

　タイトルスライドでは，タイトルの**プレースホルダー**にタイトル（発表の題目）を，サブタイトルのプレースホルダーに所属と発表者名を入力する（図14-4)。プレゼンテーション資料のタイトルには，発表内容を簡潔かつ的確に示すことが求められる。聴衆をあなたの発表に惹きつけるために，タイトル中ではわかりやすい言葉を使うとともに，時流に乗ったキーワードを含めるといった工夫をする。

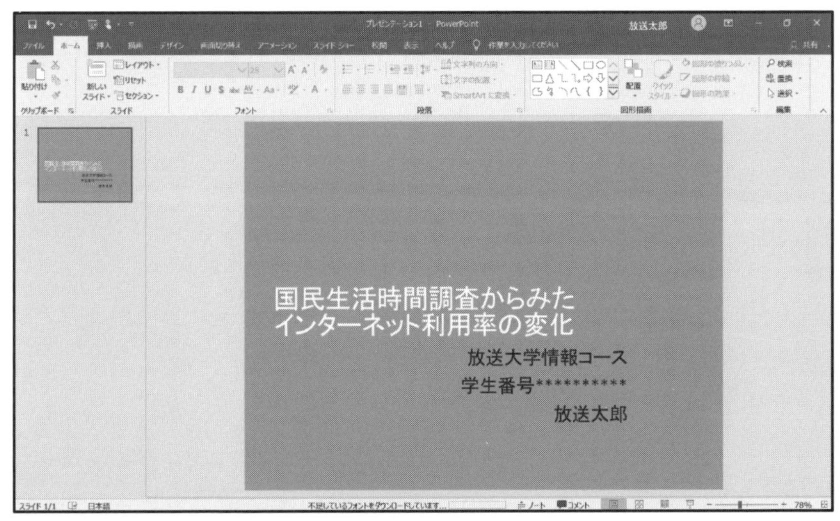

図14-4　タイトルスライドに文字を入力

（3） コンテンツスライドの作成

次のスライドを作成するため，画面左上のスライドグループの［新しいスライド］アイコン（図14-5①）右の▼をクリックすると表示されるメニューアイコンから，「タイトルとコンテンツ」スライドを選ぶ。口頭発表の冒頭で，何をどういう順序で話すかを説明して聴衆に発表の流れを示すため，ここに発表の**アウトライン**（概要）を入力する。

事前に立てた計画に沿って，発表で使うコンテンツスライドを順次作成し，文字を入力する。ただし，詳細なデータを全て盛り込むのではなく，聴き手の立場に立って内容を精選して**箇条書き**で表示する。また，文字数や行長，行間にも注意し，長過ぎず，狭過ぎない文章の構成を心がける。なお，プレゼンテーションで用いる**文字サイズ**は，後部座席の聴衆でも読めるよう，20ポイント以上とする。加えて，各ページごとに，文字サイズや文字スタイルを変更せず，全体を通して統一すること

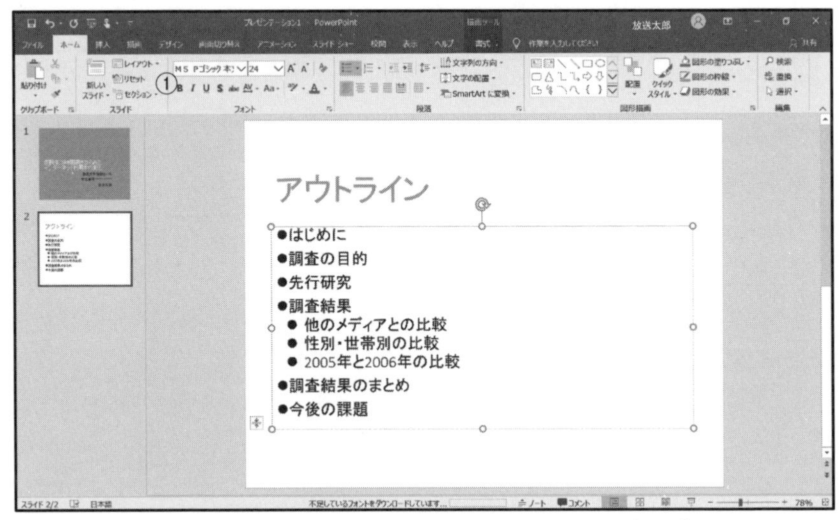

図14−5　タイトルとコンテンツスライドにアウトラインを入力

和文ゴシック体：情報 - **情報** - **情報**
欧文サンセリフ体：Information<Regular> - **Information<Bold>**
和文明朝体：情報 - **情報** - **情報**
欧文ローマン体：Information<Regular> - **Information<Bold>**

図14−6　和文と欧の書体組み合せ

によって，読みやすくデザインの可読性が高いプレゼンテーションデータとなる。

また，和文で使用する文字は標準的なゴシック体の書体を推奨する。標準的な明朝体の文字を使用しても良いが，ポップ体や勘亭流など個性的な書体は推奨しない。1回のプレゼンテーションで使うフォントは，書体ファミリーで統一するとよい。書体ファミリーは，一つの書体デザインのコンセプト（基本方針）に基づいて設計された複数のバリエーションを含むフォントの集合をいい，複数の異なる太さのフォントを含む場合が多く，L（Light：ライト），R（Regular:レギュラー），M（Medium:ミディアム），B（Bold:ボールド），H（Heavy:ヘビー）などの表記や，標準，太字，極太などの表記がある。例えば，可読性に考慮して太めの線幅を選び，ページの見出しはB（Bold），本文はM（Medium）など，文字の線幅を変えることによって，情報に優先順位がつき，読みやすいページとなる。さらに，欧文や数字を書く場合は和文フォントを使用せず，プロポーショナルフォントの欧文フォントを使用することを推奨する。欧文書体は，サンセリフ体とローマン体に大別できる。和文にゴシック体を選んだ場合，欧文にはサンセリフ体を選び，また，和文に明朝体を選んだ場合は，欧文にローマン体を選ぶと統一した印象となる。

（4）　図表・画像・映像の挿入

プレゼンテーションでは，聴衆に伝えたい重要なメッセージに焦点を当てて，それを伝えるために効果がある情報（図表・画像・映像）を用いて画面を構成する。図表や画像や映像で表示したほうが聴衆にとって理解しやすいと思われる情報は，PowerPointの図表や画像や映像をスライドに組み込む機能を利用して挿入する。13章でも述べたように，聴覚情報に加え，図表などの視覚情報があることにより，聴衆の記憶に残るプレゼンテーションとなる。

（a）　グラフの挿入

コンテンツプレースホルダー上中央の**グラフアイコン**（図14-7①）をクリックすると表示される「すべてのグラフ」の中の「円」（図14-6②）をクリックすると円グラフが表示されるので，［OK］ボタン（図14-7③）をクリックする。

スライド内に円グラフとデータ入力用の表（図14-8①）が表示され，

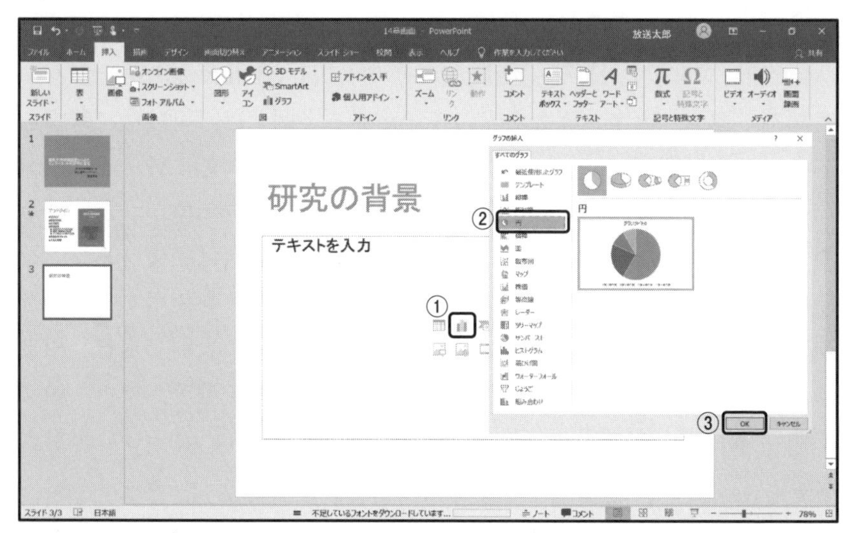

図14-7　円グラフの挿入

表にデータを入力すると，円グラフに反映される。表示された円グラフを選択すると，画面の上に［グラフタブ］（図14-8②）が表示される。グラフタブの「デザイン」をクリックすると左端に表示される「グラフ要素を追加」の▼（図14-8③）を使ってグラフを編集する。

グラフアイコンでは，円グラフ以外にも，棒グラフ，折れ線グラフ，散布図，ヒストグラムなど，多様なグラフを挿入できる。

Excelで作成したグラフをコピーして，PowerPointのスライドにペーストすることもできる。**Excel**で作成したグラフを開き，挿入するグラフを選択して（図14-9①）コピー（図14-9②）する。

PowerPointのスライドを開いて［ホーム］タブの［貼り付け（P)］ボタンをクリックすると，グラフがスライドに添付される（図14-10①)。添付されたグラフの大きさや位置を調整してスライドを完成させる。

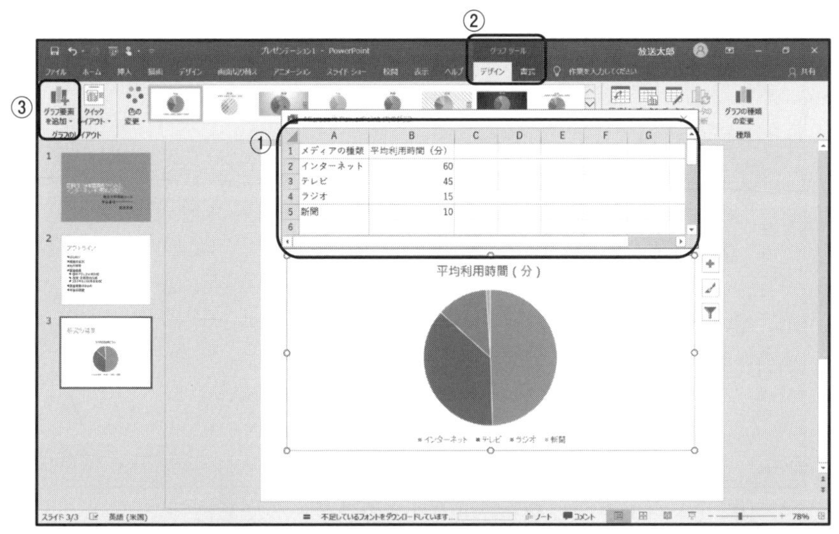

図14-8　円グラフにデータを入力する

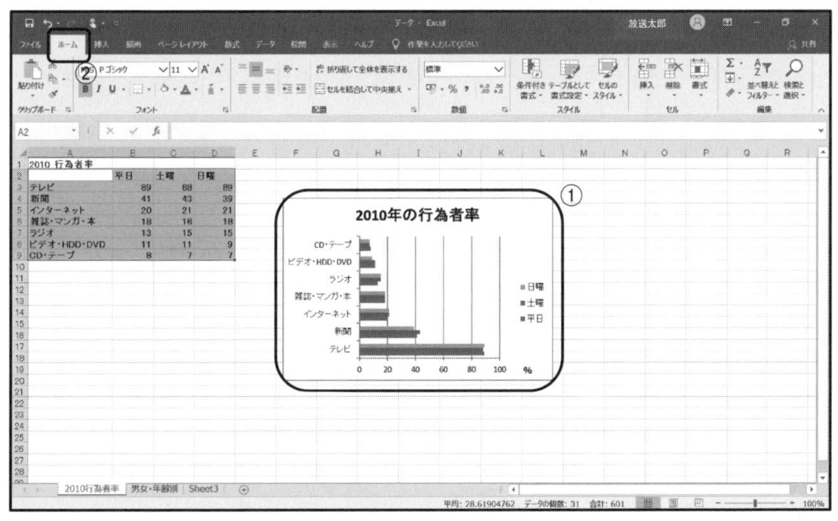

図14-9　Excelのグラフをコピー

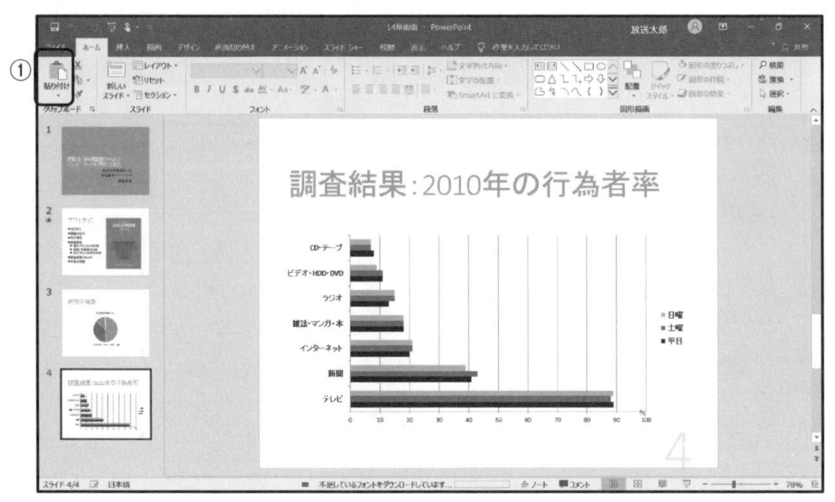

図14-10　ExcelのグラフをPowerPointのスライドに添付

（b）　パソコン上の図の挿入

パソコン上に保存してある図や写真をスライドに挿入には，「図アイコン」を使う。コンテンツプレースホルダーの中央左下にある**図アイコン**（図14-11①）をクリックすると，パソコン上のフォルダーに保存してある写真や画像が表示されるので，使いたい図（図14-11②）をダブルクリックすると，その図がスライドに挿入される（図14-12）。

（5）　アニメーション効果の適用

アニメーション効果は，スライドショーによるプレゼンテーションで聴衆に注目してほしい文字や図表に動きをつけて視覚的に強調する機能である。多用すると印象が散漫になるので，吟味して使う必要がある。

アニメーション効果を適用するには，対象のスライドを編集画面に表示させて，アニメーション効果を付加するオブジェクト（図14-13①）

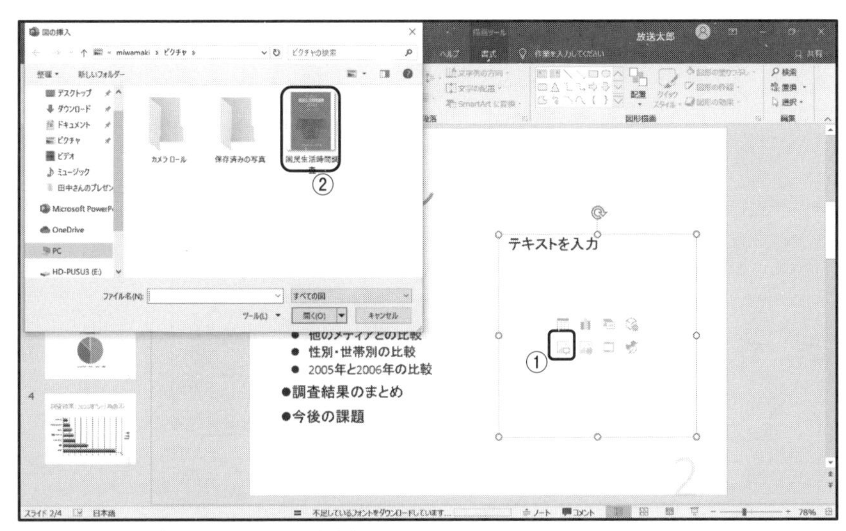

図14-11　パソコン上の図を挿入する

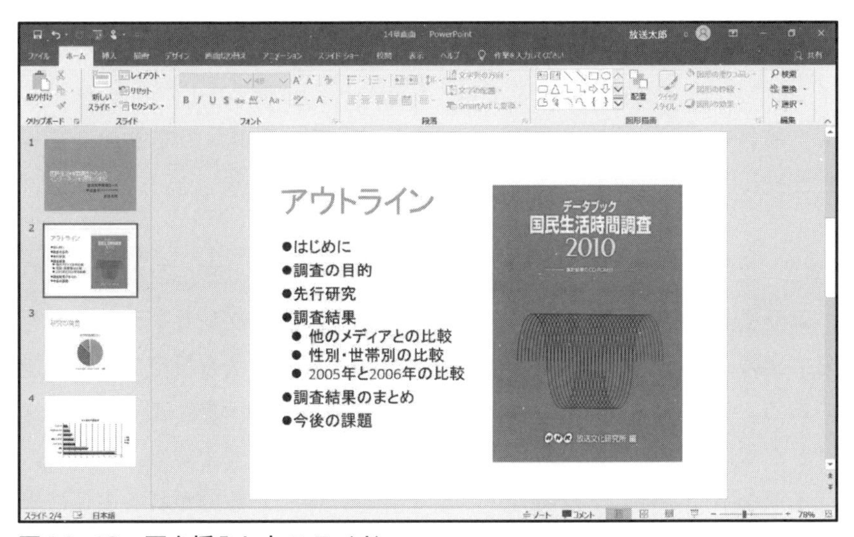

図14-12　図を挿入したスライド

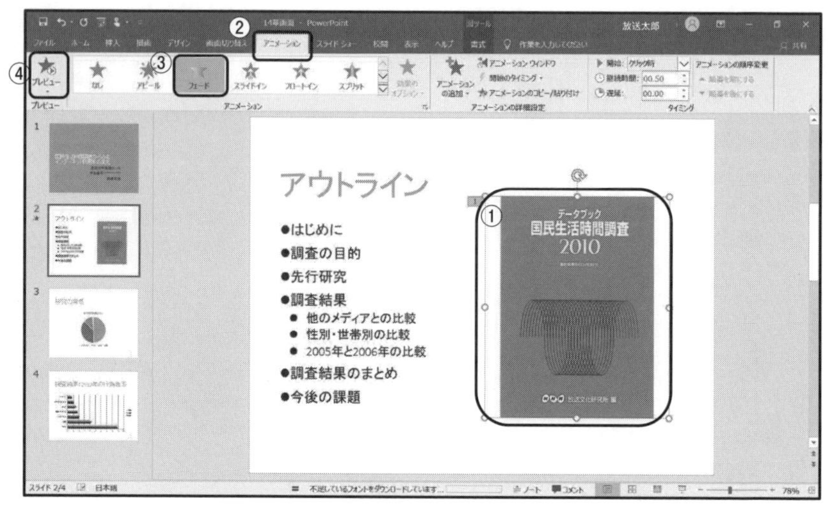

図14-13　アニメーション効果の適用

をクリックする。次に［アニメーション］タブ（図14-13②）をクリックし，表示されるアニメーションの選択肢から適切なものを選びそのアイコンをクリックする。ここでは，「フェード」（図14-13③）を適用している。アニメーション効果を確認するには，リボンの右端の［**プレビュー**］ボタン（図14-13④）をクリックする。

（6） スライド切り替え効果の適用

スライド切り替え効果は，スライドショーによるプレゼンテーションで，次のスライドを表示する際の画面の切り替え方法を設定できる機能である。スライド切り替え効果が設定されていない場合は，画面をクリックすると次の画面が表示される。スライド切り替え効果は，次のスライドを下から押し上げる「プッシュ」や，中央から分かれるように表示する「スプリット」など，様々な切り替え効果を選んで利用すること

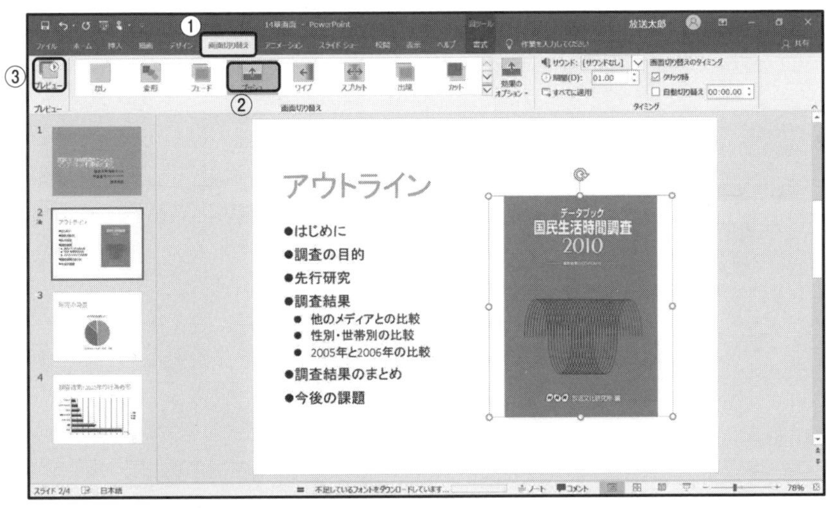

図14-14　画面切り替え効果の適用

ができる。なお，一つのプレゼンテーションで使用する「スライド切り替え効果」は一種類に留めることが望ましい。

スライド切り替え効果を適用するには，対象のスライドを編集画面に表示させて，［画面切り替え］タブ（図14-14①）をクリックし，表示される画面切り替えの選択肢から適切なものを選びそのアイコンをクリックする。ここでは，「プッシュ」（図14-14②）を適用している。スライド切り替え効果を確認するには，リボンの右端の［**プレビュー**］ボタン（図14-14③）をクリックする。

（7） プレゼンテーション資料の確認

スライドショーを使ってパソコン上で完成したプレゼンテーション資料を確認する。［スライドショー］タブをクリックすると表示されるリボンで「最初から」アイコンをクリックして，文字や図表の見え方，ア

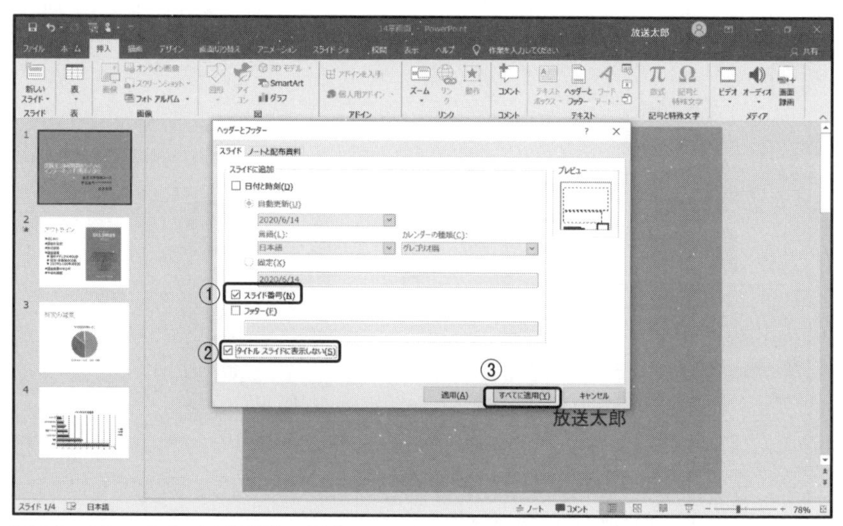

図14-15　スライド番号の挿入

ニメーション効果や画面切り替え効果の動作を確認する。修正すべき点が見つかれば，右クリックで表示されるプルダウンメニューの下にある「スライドショーの終了（E)」をクリックしてスライドショーを中断して，スライド編集画面で修正を加える。

（8） スライド番号の挿入

プレゼンテーション資料に**スライド番号**が挿入されていると，聴衆は番号を指定して質問できる。スライド番号の挿入は，挿入タブをクリックすると表示されるリボンの「スライド番号」をクリックし，表示される画面の「□スライド番号」の「□」にチェックマークを入れる（図14-15①)。タイトルスライドにスライド番号を表示しない場合は，「□タイトルスライドに表示しない（S)」（図14-15②）にもチェックマークを入れる。[すべてに適用］ボタン（図14-15③）をクリックすると，右下にスライド番号が表示される。

（9）　配布資料の印刷

スライドの修正が完了したら，配布資料を印刷する。印刷方法は，第13章で説明した。バックアップは2箇所以上に保存し，完成したプレゼンテーションファイルをUSBなどの記録媒体に保存して会場に持参する。会場に準備されているパソコンを使ってプレゼンテーションをする場合は，このUSBを会場のパソコンにコピーする。自分のパソコンを持参して発表する場合も，万一の場合（機器の接続がうまくいかない，自分のパソコンの画面がスクリーンに表示されない等）に備えて，記録媒体に保存したプレゼンテーションファイルを持参することが望ましい。

4. プレゼンテーションの実行

（1）　プレゼンテーションの練習

プレゼンテーションを成功させるには，自信がつくまで練習（**リハーサル**）を繰り返し，納得のいくまで内容を見直すことが肝心である。少なくとも3回は練習してほしい。1回目は資料を見ながら発表内容を声に出して練習し，それを録音する。録音を聴き直して，わかりにくいところや聞き取りにくいところがあれば，順序や言葉を修正する。2回目は，鏡の前で身振り手振りをつけながら声を出して練習し，動作や目線を確認する。この練習をビデオに録画して見直してもよい。それによって，胸の前で腕を組む，下を向いて原稿を読む，といった**不適切な動作**を修正できる。3回目は，友人や家族の前でリハーサルをして，内容や動作について助言を受け，質問をしてもらう。質問された点は，発表として伝えるべき内容が欠けている場合もあるので，その質問をもとに，スライドの修正や質疑応答に備えて**想定問答集**を作成し，回答用に**予備**

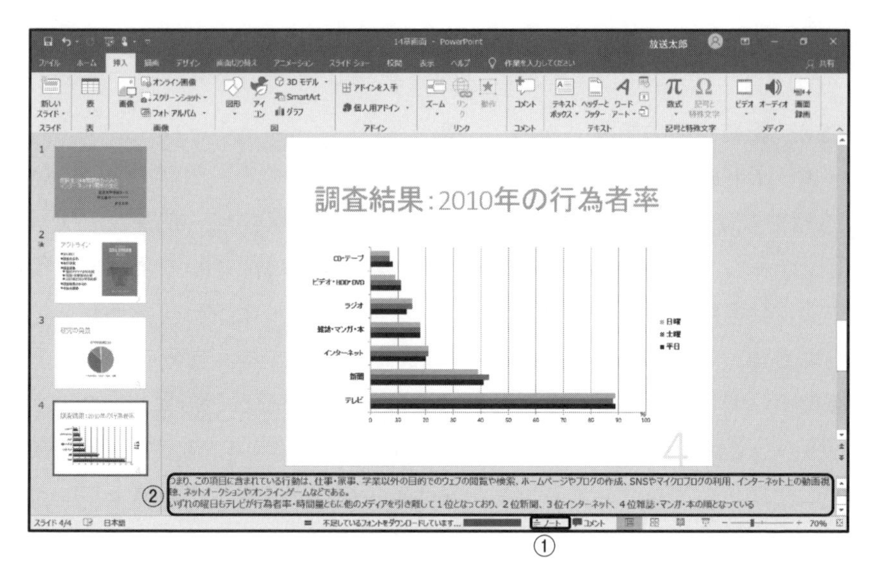

図14-16　ノートペインに発表原稿を入力

スライドを準備する。

（２） ノートの作成

プレゼンテーションでは，話す内容の文言をすべて資料に記載すべきではない。聴衆にとって，読みやすく，わかりやすい資料となるように，発表の骨子のみを箇条書きや図表を使って見栄えよく記載し，実際の発表では骨子に沿って話を進めていく。プレゼンテーションソフトウェアを使った口頭発表に慣れるまでは，話す内容記載した原稿を準備しておくと，緊張のあまり話す内容を忘れてしまう不安を解消できる。ステータスバーの［ノート］ボタン（図14-16①）をクリックすると表示される**ノートペイン**（図14-16②）に手元原稿を記入する。

プレゼンテーション本番では，聴衆に目を向けて，身振り手振りを駆使してプレゼンテーションの内容を伝えることが望ましい。ただし，本番で話す内容を思い出せなくなった時には，ノートを見ることができるので，安心してプレゼンテーションに臨める。

（3）　会場と機器の確認

発表会場には，時間の余裕をもって出向くよう心がける。発表会場に着いたら，USB等の記録媒体に保存しておいたプレゼンテーションを発表会場のパソコンにコピーしてプロジェクターまたは大型モニター）に映し出し，全画面が表示されること，最後列の聴衆にもスライドの文字や図表や画像が識別できること，色が適切に表示されていることを確認する。ビデオや音楽などの音が入った素材を挿入した場合は，音の大きさも確認する。自分のパソコンを持参して発表する場合は，パソコンをプロジェクターに接続して，画面や音声を確認する。

（4）　本番のプレゼンテーション

プレゼンテーションの本番では，スライドショーを聴衆に見せながら話を進めていく。少人数のプレゼンテーションでは，**目線**を聴衆の胸元に置いて，理解の度合いを確認しながら話をする。多数の聴衆に向けてプレゼンテーションをする場合は，中央と左右の聴衆に順次目線を向けて，会場の全体を満遍なく見渡すようにする。目で聴衆の反応を見ながら，身振り手振りを駆使して，伝えたい内容や説得したい事項が的確に伝達されるよう工夫する。発表内容が聴衆に理解されていないと思われたら，言葉を置き換えて説明を加え，理解を促す工夫をすることも必要である。

大きな会場で，マイクを使ってプレゼンテーションする場合には，マイクの使い方にも工夫する必要がある。マイクをあごの近くに置くと，発表者の声がはっきりと聞こえる。

(5) 質疑応答

プレゼンテーションの終了後に，**質疑応答**を行う。司会者の指示に従って，聴衆の質問に的確に回答する。事前に**想定問答集**や**予備スライド**を準備しておくと，質問の受け答えに余裕を持って対応できる。質問の趣旨が理解できない場合は，質問者に再度質問するよう促す。即答できない質問を受けたら，よい質問をしてくれたことに感謝の意を表したうえで，「後日調べて回答します」，「今後の研究課題とします」といった回答をすればよい。口頭発表と質疑応答が終了したら，聴衆の反応や質問を振り返りつつ自分のプレゼンテーションを評価し，次回の口頭発表の改善に結びつけるとともに，研究に反映させるように心がける。

5. まとめ

研究発表のためのプレゼンテーションの計画，資料作成，実行の各段階で必要な作業を学んだ。プレゼンテーションソフトウェアを使うことで，紙にマーカーで文字や絵をかいて発表資料を作ったり，手書きの配布資料を準備する方法と比べると，はるかに効率的にわかりやすく効果的な資料を作成できる。また，文字だけでなく画像や映像を加えたりアニメーションを使うことでダイナミックで視覚に訴えるプレゼンテーションを実行できるので，伝えたいことを聴衆に強く訴えかけることができる。ことばや文字だけではすぐには理解できないような内容でも，グラフ・写真などの画像や映像を提示することで，聴衆の理解を促すことが可能になるからである。

この章では，研究発表の計画を立て，プレゼンテーションソフトウェアを使って発表資料を作成し，配布資料を印刷し，リハーサルを重ねて，聴衆の前で口頭発表を実行する方法について順を追って説明した。また，各段階で留意すべき点を指摘した。プレゼンテーションソフトウェアで作成した資料は，その一部を別のプレゼンテーションに流用することも容易である。

プレゼンテーションソフトウェアにはこの章で説明した機能以外にも，資料作成や口頭発表を支援する様々な機能が備えられている。一通り作業手順を習得したら，プレゼンテーションソフトウェアの多様な機能を試して，プレゼンテーションスキルを向上させよう。練習を重ねて経験を積み上げていくことで，プレゼンテーション資料の作成や本番のプレゼンテーションに徐々に慣れていくので，本章で学んだことを生かして，プレゼンテーションスキルを身につけてほしい。

参考文献

[1]　高橋慈子・富永敦子『はじめてのPowerPoint 2016』秀和システム，327 p., 2015.

[2]　日本展示学会（編）『展示学事典』丸善出版，pp. 278-281，2019年

[3]　株式会社モリサワ・+DESIGNING編集部（編）『デザイン事典｜文字フォント』毎日コミュニケーションズ，pp. 60-61，pp. 72-73，2010年

[4]　勝井三雄，田中一光，向井周太郎（監修），伊東順二，柏木博（編集）『最新◉現代デザイン事典』平凡社，pp. 128-136，2017年

[5]　Robin Williams（著），米谷テツヤ（監修，翻訳），小原司（監修，翻訳），吉川典秀（翻訳）『ノンデザイナーズ・デザインブック［第4版］，2016年

演習問題

【問題】

卒業研究の発表会で，プレゼンテーションソフトウェアを使って口頭発表をすることになった。与えられた時間は，発表15分，質疑応答5分である。この発表のために，10枚のスライドを作成したが，機器の操作がうまくいかない可能性，話すことを忘れてしまう可能性，想定外の質問が出たときに対応できない可能性があるため，不安を感じている。この不安を解消するために，どんな準備をすればよいだろうか？

以下に挙げる準備作業のうち，不適切なものを一つ選べ。

(1) 鏡の前でパソコンを操作しながら声を出して発表の練習を繰り返すことで，発表原稿を覚える。

(2) 質疑応答用に想定問答集を作成し，想定される個々の質問に回答できるよう，予備スライドを準備する。

(3) スライドのノートペインに口頭発表で話す内容を一字一句記載し，発表中はそれを読む。

(4) 口頭発表と質疑応答のリハーサルをするため，友人に発表を聞いてもらい，スライドの体裁や時間の配分について意見を聞く。

解答

(3)

口頭発表では，聴衆に目線を向けて身振り手振りを駆使して発表内容を伝えることが望ましいので，「(3)スライドのノートペインに口頭発表で話す内容を一字一句記載し，それを読みながら発表する。」は不適切である。

15　パソコンを今後の学習にどう生かすか

三輪　眞木子・秋光　淳生

《**ポイント**》 大学での学びで必要な自律学習と学習を振り返る重要性を学び，学習記録を管理する方法を修得する。この授業で学んだことを今後の学習に生かすため，オンライン授業の受講方法と，さらなる学習に活用できるオープン学習リソースを紹介し，パソコンに関する知識やスキルを向上させるうえで仲間づくりが重要なことを学ぶ。
《**学習目標**》（1）学習記録をパソコンで管理できる。
（2）オンライン授業体験版を受講できる。
（3）公開されている学習リソースを活用できる。
《**キーワード**》 生涯学習，自律学習，学習スタイル，オンライン授業，オープン学修リソース

1. 知識社会の生涯学習

（1） 自律学習と生涯学習

大学での学びは，学習者の主体性という点で高等学校までの学びとは異なる。高校までの学びは，文部科学省が作成した学習指導要領に基づいて教師が学習計画を立て，それに沿って授業を実施して生徒に宿題を課し，中間試験や期末試験によって学習成果を査定する。この方法は，生徒にとっては受け身の学習だった。大学での学びには，学生が自分で目標を決めて学習計画を立て，受講科目を選択し，授業に積極的に参加することが求められる。また，授業の予習・復習をすることで，習得すべき知識やスキルを身につけることが期待されている。その際，自分の

特性に合った目標を立て，自主的に学習を進めることが求められる。目標を達成するうえで，学習の記録と振り返りは重要である。

学習とは，学校や大学のような教育機関における授業の受講や試験での成績評価で完結するものではない。日々の暮らしの中で，友人や家族と語り合い，本や新聞を読み，テレビやラジオを視聴し，インターネットや図書館で情報を探す中で，新たな知識を獲得することも学習である。むしろ，教育機関の外で展開するこのような**自律学習**こそが，**生涯学習**の中核である。

外国語の学習を考えてみよう。外国語を習得するために授業を受講して，ある程度その言語の読み書きや会話ができるようになると，その言語を使って人と話したり，メールを書いてみたくなるだろう。その言語を使う国を訪問して，自分が学んだ言語が本当に通じるかを試してみることも，その言語を母国語とする外国人と友達になることも自律学習の延長線上にある。このような，自主的に行う個々の学習経験を生涯にわたって積み重ねていくのが，生涯学習である。外国語に限らず，趣味や日常生活に必要な知識や技術の習得も，生涯学習の一環である。

知識社会の出現によって，生涯学習の理念も大きく変化している。従来は，個人の関心に基づき余暇活動や人文社会系を中心とする教養を身につけることが重視されてきた。2008 年の社会教育法改正に伴い，生涯学習の重点は，問題解決のための総合的で柔軟な知識の構築と，社会環境の変化に対応できる知識・スキルの習得に移行している [1]。教育再生実行会議は，社会変化やイノベーションにより現在は存在しない**新たな職業**が生まれる可能性があるため，新しい知識やスキルの習得は欠かせないとして，社会に出た後も誰もが学び続ける必要性を提唱している [2]。つまり，学校や教育機関での公的教育だけでなく，日常の自律学習を通して，生涯にわたって学習を継続することが私たちに期待されているのである。大学で学んだ専門分野の知識は急速に陳腐化する。そのため，知識や技術の発展に伴い生み出される新知識や新技術を必要に応じて身につけていかないと，世の中の動きに取り残されてしまう。そうならないためには，知識社会に生きる私たち全員が一生涯学び続けることが必要である。

（2）　学習スタイル

人間にはそれぞれ，得意な学び方がある。例えば，経験学習理論（Experiential Learning Theory）に基づき米国のコルブ（David, A. Kolb）が提示した**学習スタイルインデックス**（Learning Style Index：LSI）は，経験こそが学習と発展の源泉だと主張し，経験学習のプロセスを，図15-1に示す「具体的実践」（感じる），「内省と観察」（見る），「抽象的概念化」（考える），「能動的実験」（試す）の４段階のサイクルを繰り返すことで構成されるものとみなしている[3] [4]。

図中の横方向矢印（点線）は，学習において外界の影響と内省的思考

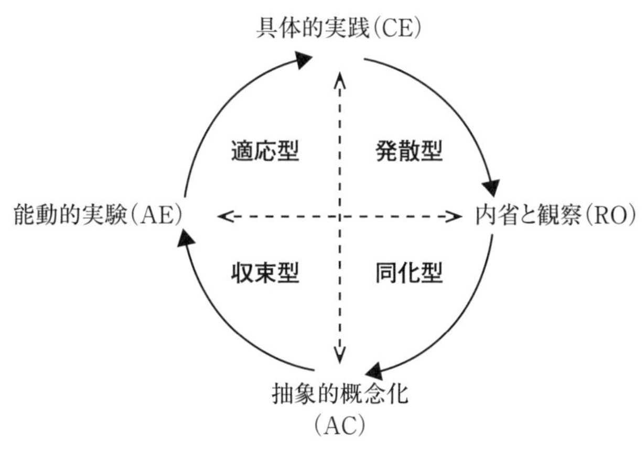

図15-1　コルブが提案した4つの学習スタイル

のどちらが強いかを示し，縦方向矢印（点線）は，直接的な経験と抽象的な思考のどちらが強いかを示している。コルブは，これらの傾向に基づいて，人間の学習スタイルを，収束型，発散型，同化型，適応型の4種類に区別している。コルブによれば，**収束型**（convergers）は，抽象的思考と能動的実験を好み，アイディアの実践への応用に長け，問題解決に演繹的推論を使うのが得意である。**発散型**（divergers）は，具体的な経験と内省的観察を好み，創造的で新たな着想に長け，物事を異なる観点から見るのが得意である。**同化型**（assimilators）は，抽象的思考と内省的観察を好み，機能的推論に基づいて理論やモデルを生み出すのが得意である。**適応型**（accommodaters）は，具体的経験と能動的実験を好み，外界に積極的に関わり，実践的な活動が得意である。

あなたはどんな学習方法が得意なのだろうか？　とりわけ発散型と同化型の学習スタイルは，**内省**すなわち学習経験を振り返ることで，学習を効果的に進められるといわれている。

2. 学習記録と振り返り

（1） 学習を振り返る

学習経験を振り返るにはどうすればよいのだろうか？　授業での学習は，直後に復習することで学習内容を振り返ることができるだろう。受けた授業や自律学習の成果は，そのまま放っておくと忘れてしまいがちなので，**学習記録**を残すだけでなく，それらを**振り返る**習慣を身につけることが重要である。学校や大学での学習だけでなく，生涯を通じた**自律学習**を振り返ることは，自己を発見し，自分に合った学び方を習得するうえで重要である。一度学習して覚えたことは，後で思い出して仕事や日常生活で活用できるはずである。ただし，一度だけ授業で聞いたり本を読んだだけで新しい内容を十分に理解するのは容易ではない。わからなかったことや，十分に消化できなかった知識について後で確認したりさらに調べたりすること，つまり学習の振り返りを重ねることで，学んだことを記憶に定着させ，自分自身の知識として活用できるようになる。学習を振り返る習慣をつけると，自分に合った学び方を習得できるようになる。

（2）　学習記録を蓄積する

「遠隔学習のためのパソコン活用」の授業では，印刷教材と放送教材を組み合わせて，印刷教材の読解を通した学びと，放送教材の視聴を通した学びの提供を目指している。ただし，学習のためにパソコンを活用できるようになるには，読解と視聴だけでなく，各回の授業で扱った内容を，学生自身がパソコンを操作して習得することが必要である。印刷教材や放送教材で紹介された方法に沿ってパソコンを操作することを通じて，指と目の動きを通してパソコンの操作が身につくだろう。また，実際に操作してみるとうまくいかないこともあるかもしれない。その場合は，質問箱で講師に問いかけたり，学習仲間に相談することで，問題を解決しよう。また，授業や質疑応答や仲間同士の助け合いを通じて新たに学んだことは，忘れないように記録を残しておこう。

授業や自律学習の記録は，紙のノートにメモの形で残すことも一つの方法であるが，パソコン上に蓄積することもできる。以下では，パソコン上にファイルとして学習記録を蓄積する方法を考えてみよう。まず，第1章で学んだWindowsの**ファイル**と**フォルダー**の構造を復習しておこう。Windowsでは，すべての情報をファイル単位で扱い，複数のファイルをまとめて保存するものがフォルダーである。フォルダーの中にさらにフォルダーを作ることもできる。このように，Windowsでは，フォルダーを**階層化**して，**ファイルを管理**する。

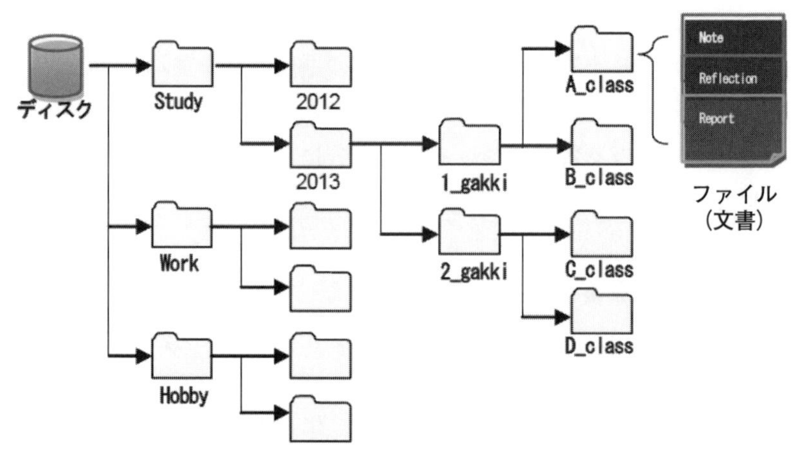

図15-2　仕事（授業別）にフォルダーを作り階層化する

コンピューターのフォルダーを使ってファイル（文書）を蓄積するときには，各々のフォルダーやファイルに名前をつけるが，その際に同じ名前をつけないように注意する。また，後で探しやすいように，年号などで区別する。なお，Windowsの中だけでファイルをやりとりする場合は，日本語で名前をつけてもよいが，MacやUnix系のパソコンとファイルをやりとりする際には日本語の**ファイル名が文字化け**する可能性があるので，半角のローマ字と数字を使ってファイル名をつけることを勧める。つまり，そのファイルを後でどのように利用するかを考えながら，フォルダー名やファイル名をつけて，図15-2の例に示すように，ファイル（文書）を分類しておくとよい。

もし正確なファイル名やフォルダー名を忘れてしまったときには，パソコンの文書検索機能を使う。例えば，Windows 10では，エクスプローラーの右上にある検索窓にファイル名やフォルダー名の一部を入力して検索ボタンをクリックすると，コンピューター内のファイルやフォルダーを検索できる。

（3）　クラウドストレージを利用する

ファイルを保存する場所は自分のパソコンだけとは限らない。持ち運びできるほどのサイズの**ポータブルSSD**や**USBメモリ**で1TBの容量を持つものも市販されている。また，**クラウドストレージ**を活用するという方法もある。パソコンを利用してくると，自分がどのような種類のファイルを使うことが多いのか，そしてファイルのサイズがどの程度なのか，ということが少しずつ見えてくる。そうした経験を踏まえ，パソコンの記憶容量のサイズをもう一度見直してみよう。

第3章で述べたようにクラウドストレージでファイルを共有すると，グループで協働作業をすることも可能となる。後述する学習コミュニティを形成するうえでも役立つスキルであるといえよう。

3. さらなる学習のために

この授業で学んだことを糸口に，パソコン活用法についてさらに学習を進めるにはどうしたらよいだろうか？

（1）　毎日パソコンを使う

パソコンの操作スキルは，毎日使うことで次第に身についていく。たとえば，放送大学のWebページ右の「在学生の方へ」の下にある「お知らせ」をクリックすると，学生に向けて発信される放送大学の出来事を見ることができるので，定期的に閲覧する習慣をつけてほしい。また，放送授業を受講する際には，**システムWAKABA**で**科目登録**をしよう。

在学生は，システムWAKABAの学習室で受講している放送授業の科目にアクセスすると，その科目に関するお知らせや講師からの情報を見られるだけでなく，授業に関する質問をすることもできる。放送授業でわからないことがあったら，**質問箱**の機能を使って講師に質問しよう。大部分の放送授業をテレビやラジオだけでなく**インターネット配信**でも視聴できる。この方法で放送授業を繰り返し視聴することで，最初はよく理解できなかったことがわかるようになるかもしれない。通信指導をWebで回答できる科目は，**Web通信指導**を利用しよう。そして，システムWAKABAを使って，郵送より早く単位認定試験の成績を確認しよう。

レポートや卒業研究では，文書作成ソフトウェアを活用してほしい。また，ゼミや卒業研究の発表会では，プレゼンテーションソフトウェアを使って研究発表をしよう。このようにして，日常的にパソコンを使っていると，数か月のうちにパソコンのいろいろな機能を使いこなせるようになるはずである。

（2） オンライン授業を受講する

第3章でも触れたように，放送大学では2015年度から，放送授業と面接授業と並んで，オンライン授業を開講している。「遠隔学習のためのパソコン活用」で学んだパソコンの操作スキルがある程度身につき，パソコンのいろいろな機能を使いこなせるようになったら，オンライン授業に挑戦してみよう。2016年度以降に開講されたオンライン授業では，小テストやレポートの提出，電子掲示板を用いたディスカッションなどの学習活動をもとに評価を行なう。それらを体験するためのオンライン授業体験版[5]がある。放送大学のWebサイトを下までスクロールすると，オンライン授業体験版へのリンクがある（図15-3）。

オンライン授業体験版は誰でも利用することができる。利用する場合

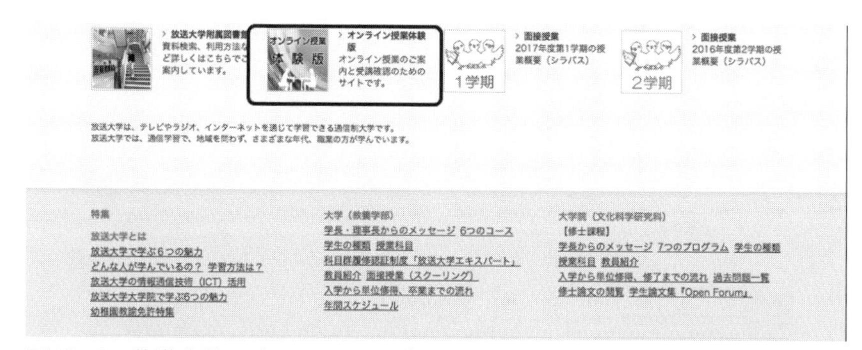

図15-3　放送大学Webサイトページ下にあるオンライン授業体験版へのリンク

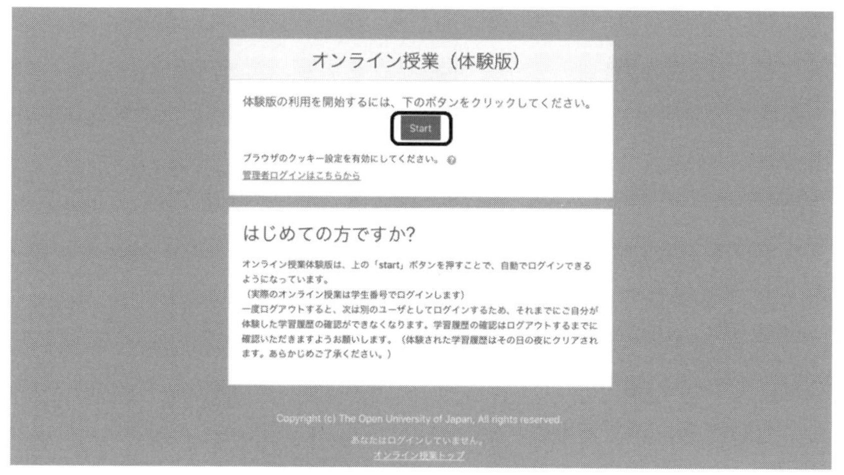

図15-4　オンライン授業体験版の開始

には，図15-4のStartをクリックする。

すると，自動的にログインされる。オンライン授業体験版では多くの科目を受講できる。オンライン授業は**双方向性**を活かした演習が充実しており，演習を行うために，特別にソフトウェアをインストールする必要のある科目もある。そうした科目は，ソフトウェアのインストール方

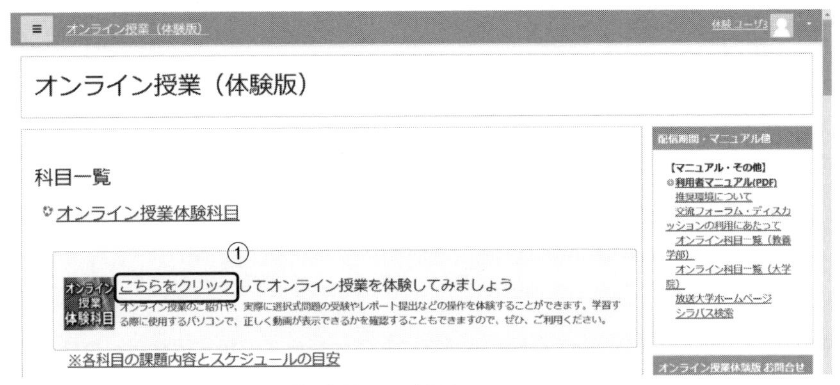

図15-5　オンライン授業体験科目の利用

法など，受講前に科目の一部を体験できるようになっている。ここでは一般的なオンライン授業スキルを確認するための体験科目を受講してみよう。

図15-5①の「オンライン授業体験科目」の「こちらをクリック」をクリックすると，最初に，パソコンスキルと受講環境が整っているかのチェックを行う。講義資料はPDFで提供される。Microsoft EdgeでPDFを閲覧することはできるが，Google Chromeを利用するのであれば，無料で利用できるAdobe社のAcrobat Readerをインストールしておいてもよいだろう。

オンライン授業体験科目では，オンライン授業の受講，動画や音声の視聴，選択式問題の受験，レポートの提出，ディスカッションの投稿を実際に体験することができるようになっている。

2020年1学期には学部科目で33科目が開講されている。学習センターから離れた場所に住んでいて，学習センターに出向くのが困難な学生や，仕事が忙しくて単位認定試験のある日に受験するスケジュールの調整が難しい学生もいるだろう。このような学生には，オンライン授業の受講を勧めたい。

（3） 学習に役立つインターネット上の情報源

Web上には，大学生が学習に活用できる様々な情報源が公開されている。知識を普及させるために教材を無料で公開する**オープン教育リソース**（Open Education Resources: OER）が世界規模で広がっている。その代表的な例がMOOCsである。**Massive Open Online Course**（MOOC：ムークと読む）またはMassive Open Online Courses（MOOCs：ムークスと読む）は，Web上で国際的な規模で公開された誰もが無料でオンライン受講できる講義である（一部有料のものもある）。**JMOOC**（ジェイムークと読む）は，一般社団法人日本オープンオンライン教育推進協議会という，日本の大学と企業を含む約90機関が参加する団体で，いわば日本（語）版MOOCsである[6]。大部分のコースは1週間単位で講義が無料で閲覧でき，各講義の後に学習目標の達成を確認するための小テストを受ける。受講期間が終了するとレポートなどの課題が提示され，期限までに提出すると受講が完了する。評価結果が終了条件を満たした受講者には，終了証が授与される。

4. まとめ

最終章も終わりに近づいてきた。この授業の学習目標が達成できたことを確認するとともに，今後の学習にパソコンを活用していくうえでの課題と解決策を考えてみよう。

（1） 学習目標の確認

第1章では，遠隔学習者がオンラインでの学びを行うための心構えについて説明し，その後パソコンの基本操作について説明した。第2章では，学外から家庭からインターネットを利用してWebを閲覧するための方法を説明した。第3章では，Webでの情報発信のしくみと学習に役立つ放送大学のWeb上の情報源を紹介した。第4章では，インターネットを利用するうえで必要となるセキュリティについての知識や心構えを学んだ。第6章では，ソーシャルサービスについて説明し，その学びへの活用の方法を学んだ。第7章では，公共図書館，大学図書館，専門図書館の使い方と，放送大学付属図書館OPACの利用方法を学習した。第8章では，放送大学付属図書館で利用できる電子ジャーナル，データベース，電子ブックの使い方と，インターネット上の学術情報の探し方を学んだ。第9章では表計算の基本と表計算ソフトウェアについて学習し，第10章ではExcelを使った図表作成の方法を学んだ。第11章では，レポートのまとめ方と執筆作法および文書作成ソフトウェアWordの使い方を，第12章では文献の引用の仕方と，Word文書に図表や画像を組み込んだり，目次・索引を作成する方法を学んだ。第13章では，プレゼンテーションの目的と理論を紹介し，プレゼンテーションソフトウェアPowerPointの操作方法を学んだ。第14章では，PowerPointを利用して研究発表のための資料を作成し口頭発表をする方法を学習した。第15章では，学習記録をパソコンで管理する方法と，今後の学習に役立つインターネット上の情報源を紹介した。

この授業で学んだことを身につけて，パソコンを日々の学習に有効活用することができるようになっただろうか？　自信がない部分があれば，テキストの該当する章をもう一度読み直し，キャンパスネットワークのテレビ授業科目ネット配信で視聴しなおしてみよう。毎日パソコンを使う中で，この授業で学んだパソコン活用スキルが身につけるとともに，新たな機能や操作方法も習得してほしい。

（2） 学習コミュニティの創生

放送大学でのこれからの学びにおける様々な場面で，パソコンを効果的に活用していくためには，困った時に相談に乗ってもらったり，新しいソフトウェアやサービスについて情報を共有できる仲間を作ることが重要である。パソコンやインターネットの世界は日々発展しており，現在の知識やスキルだけでは機器やサービスの変化についていけなくなるかもしれない。そうならないようにするには，常に知識やスキルを更新するために，学びあい助け合える**仲間作り**が必要不可欠である。

あなたが所属する学習センターにパソコン同好会があれば，ぜひ参加することを勧める。なければぜひ作ってほしい。一人一人の知識やスキルは限られていても，お互いに知っていることやできることを教えあえば，様々な知識を身につけることができる。パソコンは座学だけでは学べない。目と耳と手を使って体で覚えることが重要なのである。

この授業の受講をきっかけに，日常生活や放送大学での学習においてパソコンを活用できるようになって，あなたが活躍できる世界が広がることを期待している。

引用・参考文献

[1]　社会教育法　http://law.e-gov.go.jp/htmldata/S24/S24HO207.html（2016年2月20日最終アクセス）
[2]　教育再生実行会議.「学び続ける」社会，全員参加型社会，地方創成を実現する教育の在り方について（第六次提言）. https://www.kantei.go.jp/jp/singi/kyouikusaisei/pdf/dai6_1.pdf（2016年2月27日最終アクセス）
[3]　青木久美子. 学習スタイルの概念と理論及びそれに基づく測定方法　メディア教育開発センター，2005.
[4]　アルベルト・オリヴェリオ（著）　川本英明（訳）（2005）　メタ認知的アプ

ローチによる学ぶ技術　創元社
[5]　放送大学オンライン授業体験版　https://online-open.ouj.ac.jp
[6]　JMOOC　https://www.jmooc.jp/（2020年2月27日最終アクセス）

演習問題

【問題】

(1)　大学での学びは，学習者の主体性という点で高等学校までの学びとどのように違うかを簡潔に述べよ。

(2)　Windowsのフォルダーを使ってファイルを管理する際に注意すべき点を3つ挙げよ。

解答

(1)　高校までの学びは，教師が立てた学習計画に沿った授業を生徒が受けて，中間試験や期末試験によって学習成果を査定する受け身の学習だった。大学での学びは，学生が自分で目標を決めて学習計画を立て，受講科目を選択し，授業への積極的な参加とすることが求められている。

(2)

- フォルダーやファイルに同じ名前を付けないように注意する。
- 後で探しやすいように，年号などで区別する。
- MacやUnixとファイルをやり取りする際には日本語のファイル名は文字化けして使えない可能性があるので，半角のローマ字と数字を使ってファイル名をつける。

索引

●配列は五十音順，＊は人名を示す。

●ま　行

●や　行

●ら　行

●わ　行

分担執筆者紹介

（執筆の章順）

辰己　丈夫（たつみ・たけお）

・執筆章→5・6

1967年	大阪府に生まれる
1997年	早稲田大学理工学研究科数学専攻 博士後期課程単位取得退学
2014年	筑波大学大学院ビジネス科学研究科博士課程修了。 博士（システムズ・マネジメント）
1993年	早稲田大学情報科学研究教育センター助手。その後、 神戸大学講師、東京農工大学助教授、放送大学准教授を経て
現在	放送大学教授、情報処理学会理事など
主な著書	情報化社会と情報倫理・第2版（単著、共立出版） 情報科教育法・改訂3版（共著、オーム社） 情報の科学（高校「情報科」検定教科書）（共著、日本文教出版）

仁科　エミ（にしな・えみ）

・執筆章→11・12

1960年	東京都に生まれる
1984年	東京大学文学部西洋史学科卒業
1991年	東京大学工学系大学院都市工学専攻博士課程修了、工学博士 東京大学工学部助手、文部省放送教育開発センター助教授, 総合研究大学院大学教授等を経て、
現在	放送大学教授
専攻	情報環境学
主な論文	Inaudible high frequency sounds affect brain activity. A hypersonic effect」（共著、Journal of Neurophysiology 83, 3548-3558）2000 ハイパーソニック・エフェクトを応用した市街地音環境の改善とその生理・心理的効果の検討」（共著、日本都市計画学会都市計画論文集42-3、139-144）2007 Frequencies of inaudible high-frequency sounds differentially affect brain activity : positive and negative hypersonic effects（共著、PLOS ONE, 9 : e95464）2015 音楽・情報・脳（共著、放送大学教育振興会）2017

伏見　清香（ふしみ・きよか）

・執筆章→13・14

1958年　岡山県に生まれる
株式会社乃村工藝社を経て，名古屋芸術大学美術部デザイン科卒業，愛知県立芸術大学大学院美術研究科修士課程修了，名古屋大学大学院人間情報学研究科博士課程にて博士（学術）を取得
リンツ美術工芸大学客員研究員，広島国際学院大学・大学院工学研究科においてデザイン教育を実施，情報文化学部長及び理事として運営にも携わる
愛知県，名古屋市，広島県，広島市他，都市景観に関わるアドバイザー，審議会委員等を歴任

現在　放送大学教授

専攻　デザイン学

主な著書　展示学辞典（共編著，丸善出版，日本展示学会編，2019）
「つなぐ」環境デザインがわかる（分担執筆，朝倉書店，日本デザイン学会環境デザイン部会監修，2012）
展示論 博物館の展示をつくる（分担執筆，雄山閣，日本展示学会編，2010）

編著者紹介

秋光　淳生（あきみつ・としお）

・執筆章→1・2・3・4・9・10

1973年	神奈川県に生まれる
	東京大学工学部計数工学科卒業
	東京大学大学院工学系研究科数理工学専攻修了
	東京大学大学院工学系研究科先端学際工学中退
	東京大学先端科学技術研究センター助手等を経て
現在	放送大学准教授・博士（工学）
専攻	数理工学
主な著書	情報ネットワークとセキュリティ（共著、放送大学教育振興会）
	データからの知識発見（単著、放送大学教育振興会）
	データの分析と知識発見（単著、放送大学教育振興会）

三輪眞木子（みわ・まきこ）

・執筆章→7・8・13・14・15

1951年　東京都に生まれる
1963年　日本女子大学文学部史学科卒業
1979年　ピッツバーグ大学MLS修了
1983年　慶應義塾大学文学研究科博士課程満期退学
2000年　シラキュース大学Ph.D. 修了
現在　放送大学特任教授、博士（Ph.D.）
専攻　図書館情報学
主な著書　Quality Assurance in LIS Education：An International and Comparative Study（共著、Springer）2014
情報行動：システム志向から利用者志向へ（勉誠出版）2012
情報検索のスキル：未知の問題をどう解くか（中央公論新書）2003

放送大学教材　1170031-1-2111（テレビ）

三訂版　遠隔学習のためのパソコン活用

発　行　　2021年3月20日　第1刷
　　　　　2022年7月20日　第2刷
編著者　　秋光淳生・三輪眞木子
発行所　　一般財団法人　放送大学教育振興会
　　　　　〒105-0001　東京都港区虎ノ門1-14-1　郵政福祉琴平ビル
　　　　　電話　03（3502）2750

市販用は放送大学教材と同じ内容です。定価はカバーに表示してあります。
落丁本・乱丁本はお取り替えいたします。

Printed in Japan　ISBN978-4-595-32279-2　C1355